新媒体界面设计

主　编：姚　冲　谢凌云

副主编：王雯艳　戎晓茜

王晓敏　陶佩天

苏州大学出版社
Soochow University Press

图书在版编目(CIP)数据

新媒体界面设计 / 姚冲，谢凌云主编. -- 苏州 ：苏州大学出版社，2025. 7. -- ISBN 978-7-5672-5288-2

Ⅰ. TP311.1

中国国家版本馆 CIP 数据核字第 202552XH57 号

书　　名: 新媒体界面设计

主　　编: 姚　冲　谢凌云
责任编辑: 孙志涛
助理编辑: 陶　玉
装帧设计: 刘　俊

出版发行: 苏州大学出版社(Soochow University Press)
社　　址: 苏州市十梓街 1 号　**邮编:** 215006
印　　装: 苏州市越洋印刷有限公司
网　　址: www.sudapress.com
邮　　箱: sdcbs@suda.edu.cn
邮购热线: 0512-67480030
销售热线: 0512-67481020

开　　本: 787 mm×1 092 mm　1/16　**印张:** 9.5　**字数:** 185 千
版　　次: 2025 年 7 月第 1 版
印　　次: 2025 年 7 月第 1 次印刷
书　　号: ISBN 978-7-5672-5288-2
定　　价: 42.00 元

Preface

前言

在数字化浪潮汹涌澎湃的当下，新媒体如同一颗璀璨的新星，照亮了信息传播与交互的全新领域。从社交媒体平台上丰富多彩的互动页面，到移动应用中便捷高效的操作界面，再到各类智能设备上引人入胜的视觉呈现，新媒体界面设计无处不在，深刻地改变着人们的生活方式与沟通模式。这一领域不仅展现出蓬勃的发展活力，更蕴含着巨大的创新潜力与商业价值，已然成为推动社会进步与经济发展的重要力量。

南昌工学院艺术与传媒设计学院始终紧跟时代步伐，积极响应国家对新时代人才培养的战略需求，将培养具有创新精神、实践能力和社会责任感的高素质应用型人才作为核心使命。我们深知，在新媒体行业飞速发展的今天，市场对人才的要求日益专业化、多元化。为了使学生能够更好地适应行业变革，毕业后能够迅速胜任工作岗位，我们精心组织编写了这本《新媒体界面设计》教材。本教材紧密围绕新时代人才培养目标和新媒体岗位需求展开，具有以下特点。

一、紧跟行业趋势，内容与时俱进

新媒体行业技术迭代迅速，设计理念和风格不断推陈出新。为了确保教材内容的时效性和前瞻性，编写团队深入调研了当前新媒体界面设计的最新趋势、热门技术和典型案例。从当下流行的扁平化设计、拟物化设计，到新兴的微交互设计、动态视觉设计等，教材中均有详细阐述，使学生能够及时了解行业动态，掌握前沿设计方法，为未来的职业发展打下坚实基础。

二、注重实践导向，强化能力培养

新媒体界面设计是一门实践性极强的学科，培养学生的动手能力和解决实际问题的能力至关重要。本教材摒弃了传统教材重理论、轻实践的弊端，采用了"理论＋实践"的编写模式。本教材不仅系统讲解了新媒体界面设计的基本概念、原则和方法，还精心设计了大量具有针对性的实践项目，提供了相应的分析案例。通过这些实践项目和分析案例，学生能够将所学理论知识运用到实际设计中，在实践中加深对知识的理解和掌握，逐步提高自己的设计水平和创新能力。

三、贴合岗位需求，突出应用特色

为了使教材内容更加贴合企业实际需求，编写团队广泛征求了新媒体行业企业专家和一线设计师的意见和建议。教材内容紧密围绕新媒体界面设计师、用户界面(User Interface，UI)设计师、交互设计师等岗位的核心技能要求进行编排，涵盖了界面布局设计、色彩搭配、图标设计、交互逻辑设计等多个方面的知识和技能。通过学习本教材，学生能够全面了解新媒体界面设计的工作流程和岗位要求，毕业后能够迅速适应工作岗位，成为企业所需的实用型人才。

新媒体界面设计是一个跨学科的领域，涉及艺术、设计、心理学、计算机科学等多个学科的知识。本教材在编写过程中，注重多学科知识的融合与渗透，引导学生从不同学科角度去思考和解决问题。本教材的编写得到了南昌工学院艺术与传媒设计学院领导和同事们的大力支持，同时也凝聚了编写团队成员的心血和智慧。在此，我们向所有为教材编写付出辛勤劳动的人员表示衷心的感谢！

我们衷心希望这本《新媒体界面设计》教材能够成为广大师生和新媒体界面设计爱好者的良师益友，为大家的学习和工作提供有益的帮助和指导。同时，我们也期待着广大读者能够提出宝贵的意见和建议，以便我们在今后的修订中不断完善教材内容，使其更好地适应新时代人才培养和行业发展的需要。

姚　冲

Contents
目录

第1章 绪论

1.1 新媒体界面设计概述

随着科技的飞速发展，我们身处的世界正在以前所未有的速度变化着。尤其是新媒体的崛起，改变了信息的传播方式，从而深刻地影响了人们的生活方式、工作方式及思维方式。在这样的大背景下，作为新媒体技术与应用的重要一环，新媒体界面设计的重要性不言而喻。

新媒体时代，信息的传播速度和范围得到了极大提升，人们获取信息的渠道也变得更加多样化和个性化。在这样的背景下，新媒体界面设计不仅要满足信息传递这一基本需求，更要关注用户体验，通过创新的设计理念和手段，为用户带来更加便捷、舒适和愉悦的使用体验。与此同时，新媒体界面设计也面临着诸多挑战，比如，如何平衡信息传达与用户体验，如何适应不同设备和屏幕尺寸，如何满足用户个性化需求等。然而，这些挑战也带来了机遇：通过不断学习和探索，我们可以战胜这些挑战，进而推动新媒体界面设计的发展和创新。

新媒体界面设计，或称新媒体 UI 设计，是指对软件、网站、移动应用等新媒体产品的人机交互、操作逻辑、界面视觉的整体设计。它不仅包括视觉上的设计，如布局、色彩、字体、图标等，还涉及交互设计、用户体验（User Experience，UX）等多个方面。新媒体界面设计涵盖硬件界面与软件界面，是一个集多种学科于一身的交叉性、综合性很强的研究领域。新媒体界面设计已经从简单的网页设计发展到包含移动应用、社交媒体、虚拟现实、增强现实、可穿戴设备、物联网等多个领域的复杂交互设计。

新媒体界面设计的主要特点有以下六个。

1. 交互性

新媒体界面设计强调用户与界面之间的交互体验，通过合理的交互设计，让用户方便快捷地完成操作任务。

2. 视觉吸引力

新媒体界面设计需要具备良好的视觉效果，以吸引用户的注意力并提升用户体验。这包括清晰的布局、和谐的色彩搭配、易于识别的图标等内容。

3. 易用性

新媒体界面设计应遵循易用性原则，确保用户能够轻松上手并快速掌握操作方法。这包括简洁明了的操作流程、合理的信息架构等。

4. 情感化

随着新媒体的快速发展，用户的情感化需求日益明显。新媒体界面设计需要关注用户的情感化需求，通过人性化的设计元素和交互方式，提升用户与产品之间的情感联系。

5. 智能化与个性化

随着人工智能(Artificial Intelligence，AI)技术的飞速发展，新媒体界面设计越来越注重智能化和个性化。通过数据分析与机器学习算法，应用或设备能够识别并理解用户的偏好、行为模式，从而提供定制化的内容推荐、界面布局和交互方式。例如，新闻应用可以根据用户的阅读历史推荐相关新闻，购物网站可以根据用户的购买记录推荐商品。这种智能化和个性化的设计不仅提升了用户体验，还增强了用户与产品之间的黏性。

6. 响应式与跨平台设计

随着移动设备的普及和多样化发展，响应式设计和跨平台设计成为新媒体界面设计的必然趋势。响应式设计能够使用户界面在不同设备、不同屏幕尺寸下都保持良好的显示效果和用户体验。它要求设计师在设计过程中充分考虑设备的兼容性，对不同尺寸屏幕的适应性及交互方式的灵活性等因素。而跨平台设计要求界面设计能够适配多种操作系统和平台，确保用户在不同设备上都能获得一致且优质的体验。例如，一个优秀的移动应用应该能够在iOS和安卓(Android)两大操作系统上都流畅运行，并且界面布局和交互方式应该保持一致。这样不仅可以提高用户的满意度和忠诚度，还可以降低开发成本和维护难度。

1.2 新媒体界面设计的基本原则

新媒体界面设计的基本原则包含以下几点。

1. 用户体验优先原则

新媒体界面设计的核心原则为用户体验优先。设计时应注重简洁明了，避免添加冗余元素，确保用户能够迅速找到所需信息。同时，界面应具备良好的易读性，文字、图标等元素应清晰易读，能够适应不同的设备和屏幕尺寸。此外，操作便捷性也是用户体验的关键，界面布局和交互设计应便于用户操作，减少点击次数和滑动距离，提高使用效率，从而为用户创造更加流畅和愉悦的体验。

2. 内容与形式统一原则

在新媒体界面设计中，内容与形式的统一至关重要。设计时应确保内容与表现形式协调一致，通过合适的视觉元素和表现手法，以最直观、最有效的形式呈现内容。同时，要避免过于花哨或夸张的表现形式，以免干扰用户的阅读和理解。内容与形式的和谐统一有助于提升信息的传递效果，增强用户的感知和理解。

3. 创新性原则

新媒体界面设计鼓励创新，鼓励尝试新的创意和表现手法。创新可以带来独特的视角和形式，使用户在使用过程中获得新鲜感和惊喜。然而，创新并非盲目追求新颖，而应基于对用户需求和行业趋势的深入了解。通过结合用户需求和市场趋势，创新可以更好地服务于用户体验，提升界面设计的吸引力和竞争力。

4. 可访问性原则

新媒体界面设计应注重可访问性，确保不同需求的用户都能无障碍地获取和理解内容。这要求设计师在设计过程中考虑残障人士、老年人等特殊群体的需求，注意文字的可读性、颜色的对比度、图形的清晰度等细节问题。通过优化界面的可访问性，可以扩大用户群体，提升产品的包容性和社会价值。

5. 普适性设计原则

随着移动设备的普及，普适性设计成为新媒体界面设计的重要原则。界面应适应不同设备和屏幕尺寸，通过响应式布局和媒体查询等技术手段，能够根据设备特性自行调整布局和样式。这可以提升用户在不同设备上的使用体验

6. 视觉设计原则

视觉设计是新媒体界面设计的重要组成部分。使用对比的方法，如方向对比、形状对比、色彩对比、字体对比、图文对比等，可以加强视觉效果，使界面更加生动有趣。同时，视觉设计的协调统一也是必不可少的，对画面所有部分进行统一化、协调化处理，确保各个元素和谐统一，有助于整体风格的协调一致和提高品牌识别度。优秀的视觉设计可以提升用户的审美体验，增强界面的吸引力并强化记忆点。

7. 信息架构原则

新媒体界面设计中的信息架构至关重要。一个逻辑清晰的信息架构可以帮助用户快速找到所需信息，提升用户体验。合理的分类、标签和导航设计，可以将信息有序地组织起来，使用户能够轻松地浏览和理解信息。同时，信息架构也要考虑用户的认知负荷，避免过多的层级和复杂的关系，使用户能够轻松地获取所需信息。

8. 反馈与交互原则

在新媒体界面设计中，反馈与交互是用户与界面进行互动的重要方式。用户操作后应给予及时反馈，让用户了解操作结果，这有助于增强用户的控制感，提升满意度。同时，交互设计应友好易用，减少用户的认知负荷。合理的提示、引导和帮助信息，可以帮助用户更好地理解和使用界面，提升用户的交互体验和满意度。优秀的反馈与交互设计可以使界面更加人性化、易用性更强。

1.3 新媒体界面设计的重要性及应用领域

1. 新媒体界面设计的重要性

新媒体界面设计在新媒体时代具有举足轻重的地位，其重要性主要体现在以下几

个方面。

(1) 提升用户体验

良好的界面设计能够直接提升用户的使用体验。一个直观、易用、美观的界面能够吸引用户，减少用户在使用过程中的认知负荷，使用户能够更高效地获取信息或完成任务。用户体验的提升对于增强用户黏性、提升用户满意度和忠诚度至关重要。

(2) 增强品牌识别度

界面设计是品牌传播的重要组成部分。通过独特的视觉风格、色彩搭配和交互方式，界面设计能够塑造品牌形象，增强品牌的识别度和记忆点。这有助于企业在激烈的市场竞争中脱颖而出，树立独特的品牌形象。

(3) 促进信息有效传递

新媒体界面设计不仅关注美观和易用性，还注重信息的有效传递。通过合理的信息架构、清晰的导航设计和直观的视觉元素，界面设计能够帮助用户快速找到所需信息，提高信息的可达性和可用性。这对于新闻、教育、电商等领域的新媒体界面设计尤为重要。

(4) 推动技术创新与行业发展

新媒体界面设计是一个不断发展和创新的领域。随着技术的进步和用户需求的变化，新媒体界面设计需要不断探索新的设计理念和交互方式。这种创新不仅推动了界面设计技术的发展，也为整个新媒体行业注入了新的活力和动力。

2. 新媒体界面设计的应用领域

新媒体界面设计的应用领域非常广泛，几乎涵盖了所有基于数字技术、网络技术和移动通信技术的媒体平台。以下是新媒体界面设计主要的应用领域。

(1) 网页设计

网页设计是新媒体界面设计的重要组成部分。通过精心的界面设计，网站可以吸引更多的访问者，延长用户的停留时间。同时，响应式设计使得网站能够适应不同的设备和屏幕尺寸，提供一致的用户体验。

(2) 移动应用设计

随着智能手机的普及，移动应用已经成为人们日常生活中不可或缺的一部分。移动应用的界面设计注重简洁、直观和易用，以满足用户在移动设备上快速获取信息或完成任务的需求。同时，随着智能汽车的快速崛起和可穿戴设备的广泛应用，汽车与可穿戴设备中的移动应用的界面设计也逐渐得到了厂商和用户的重视。

(3) 社交媒体广告设计

社交媒体平台上的广告设计也是新媒体界面设计的重要应用领域。通过有吸引力的视觉元素和创新的交互方式，社交媒体广告设计能够吸引用户的注意力，提高广告的点击率和转化率。

(4) 数字视频与动画设计

在新媒体时代，数字视频和动画已经成为重要的信息传播方式。界面设计在数字视频和动画中同样发挥着重要作用，通过精心的布局、色彩搭配和动态效果设计，可以提升视频的观赏性和信息的传递效果。

(5) 数字摄影与图像处理

数字摄影和图像处理也是新媒体界面设计的应用领域之一。通过界面设计，用户可以更便捷地操作摄影设备和图像处理软件，实现高效的摄影和图像处理。

新媒体界面设计在新媒体时代具有极高的重要性，并广泛应用于网页设计、移动应用设计、社交媒体广告设计、数字视频与动画设计及数字摄影与图像处理等多个领域。随着技术的不断进步和用户需求的变化，新媒体界面设计将继续发展创新，为新媒体行业注入新的活力。

课后思考

请思考并阐述新媒体界面设计在现代信息传播中的角色与重要性，以及它如何随着技术的发展而变化。你能否列举出几个典型的新媒体界面设计的应用场景，并简要分析其特点？

第 2 章 新媒体界面设计基础理论

2.1 视觉传达设计原理及其在新媒体界面中的应用

2.1.1 视觉传达设计基本原理

首先，我们需要了解视觉传达设计的基本原理。视觉传达设计是一种使用视觉元素来传达信息和概念的设计形式，它结合了艺术、图形设计、排版、色彩理论、符号学等多个领域的知识和技术，主要包含以下几个方面的内容。

1. 视觉元素的综合运用

视觉传达设计通过综合运用形状、色彩、材质、排版等视觉元素来传达信息。这些元素的选择和组合方式直接影响到设计作品的整体效果和信息传达的准确性。

形状：形状是视觉传达设计的基础元素之一。不同的形状能够传达不同的信息和情感。例如，圆形通常与和谐、完整相关联，而尖锐的角则可能传达出紧张或冲突的感觉。

色彩：色彩在视觉传达设计中具有极其重要的地位。不同的色彩能够引发人们不同的心理反应和情感体验。例如，红色常被视为热情、活力的象征，而蓝色则给人以宁静、深远的感觉。

材质:材质的选择也能够影响设计的整体效果。不同的材质能够传达出不同的质感和触感,从而增强设计的真实感和吸引力。

排版:排版是视觉传达设计中不可或缺的一部分。合理的排版能够使信息更加清晰、易读,同时提升设计的整体美感和艺术性。

2. 视觉心理与视觉习惯的研究

视觉传达设计还需要深入研究人们的视觉心理和视觉习惯,以确保设计作品能够符合人们的认知规律和审美偏好。

视觉心理:包括视觉注意、视觉理解、视觉情绪等方面。设计师需要了解人们如何注意、理解和感受视觉信息,以便更好地引导人们的视线和情感反应。

视觉习惯:人们的视觉习惯也是设计师需要考虑的重要因素。例如,人们习惯从左到右、从上到下的阅读顺序,因此在设计时需要遵循这一习惯来安排信息的布局和层次。

3. 传达的准确性与有效性

视觉传达设计的最终目的是传达特定的信息、意义和情感。因此,设计的准确性和有效性至关重要。

准确性:设计作品必须准确地传达出设计师想要表达的信息和意图。这要求设计师在设计过程中仔细斟酌每一个元素的选择及其组合方式,确保它们能够共同构成一个清晰、准确的信息传达体系。

有效性:除了准确性,设计作品还需要具备有效性。这意味着设计作品必须能够吸引人们的注意力,激发他们的兴趣并引导他们采取进一步的行动(如阅读、购买等)。为了实现这一目标,设计师需要充分考虑人们的需求和兴趣点,并运用各种设计手法来增强设计的吸引力和说服力。

综上所述,视觉传达设计旨在根据人们的视觉心理和视觉习惯,通过视觉元素的综合运用有效地传达信息和概念。它的核心原理包括构图与布局、色彩理论、字体与排版、图像与图形、视觉层次、符号与标志,以及交互与用户体验等方面。良好的构图需要考虑平衡、对齐、比例和留白,以创造和谐且引人注目的布局。色彩的选择不仅要考虑美感,还要考虑它们所引发的情感反应。字体与排版应当保证信息的可读性和清晰性,并通过层次结构来引导人们的视线。图像与图形应当具有象征意义并具备视觉冲击力。视觉层次指通过焦点、路径和对比来组织信息的优先级。符号与标志设计要求简洁而独特，能够迅速传达品牌信息。同时，在数字媒体设计中，交互与用户体验至关重要，设计需要直观且易于使用，同时具备响应性，以适应各种屏幕尺寸。此外，设计师还需要考虑文化和社会因素，确保设计内容具有包容性。综合运用这些原理，可以帮助设计师创造出既美观又实用的作品。

那么，在了解了视觉传达设计的基本原理之后，我们如何将其运用在新媒体界面设计的实践中呢？

2.1.2 视觉传达设计原理在新媒体界面中的应用

在新媒体界面设计中，视觉传达设计的基本原理得到了广泛的应用，以确保界面既美观又实用，还能够高效地传达信息。根据前文所阐述的视觉传达设计原理的三个重点内容，我们来了解下如何在新媒体界面设计中运用这些原理。

1. 视觉元素的综合运用

形状与图标：在新媒体界面设计中，形状与图标常被用来表示不同的功能或内容区域。设计师应选择简洁明了、易于识别的形状与图标，以确保用户能够迅速理解其含义。形状与图标的设计应保持一致性和规范性，避免在不同界面或功能间产生混淆。

色彩搭配：色彩在新媒体界面设计中起着至关重要的作用。设计师应根据品牌形象、用户群体和界面功能来选择合适的色彩搭配方案。色彩应具有良好的对比度和可读性，以确保用户在不同光线和屏幕尺寸下都能清晰辨认界面元素。同时，色彩还应能够传达出品牌或产品的情感属性，增强用户的情感共鸣。

字体与排版：字体与排版的选择直接影响到新媒体界面的阅读体验和信息传达效率。设计师应根据界面内容的特点和用户阅读习惯来合理安排字体样式和排版布局。标题、正文和注释等不同层级的文本应采用不同大小和粗细的字体来区分，以确保信息的层次感和易读性。字体样式应与品牌形象保持一致，同时考虑可读性和美观性。

2. 视觉心理与视觉习惯的研究

视觉引导：利用视觉元素（如颜色、形状、大小等）来引导用户的视线移动，使用户能够按照设计师的意图浏览界面内容。合理的视觉层次和布局设计，可以将重要信息置于用户视线的焦点位置，提高信息传达的效率和准确性。

交互设计：新媒体界面设计强调交互性，设计师应深入研究用户的交互习惯和心理需求，设计符合用户直觉的交互方式。通过按钮、链接、下拉菜单等交互元素的设计，引导用户进行点击、滑动等操作，实现信息的获取和界面的导航。同时，设计师还应关注交互反馈的设计，如加载动画、操作提示等，以提升用户的操作体验和满意度。

3. 传达的准确性与有效性

信息架构：在新媒体界面设计中，信息架构的设计至关重要。设计师应根据界面内容的复杂性和用户的认知特点来合理组织信息架构。通过分类、分组和层级关系的设计，将信息清晰、有序地呈现给用户，降低用户的认知负荷。

视觉隐喻与符号：利用视觉隐喻和符号来传达复杂或抽象的概念和信息，使界面更加直观易懂。视觉隐喻和符号的选择应符合用户的文化背景和认知习惯，避免产生误解或歧义。

反馈与评估：在设计过程中，设计师应不断收集用户的反馈意见，对界面设计进行评估和优化。通过用户测试、问卷调查等方式收集数据，分析用户的行为习惯和偏好，为设计改进提供依据。

总的来说，视觉传达设计基本原理在新媒体界面设计上的应用，旨在通过深入研究视觉心理和视觉习惯，科学合理地组合和运用视觉元素，以确保界面设计能够准确有效地传达信息，同时为用户提供良好的体验。具体来说，设计师需要综合运用形状、色彩、排版等视觉元素来构造界面，确保界面既美观又具有良好的功能性。同时，他们需要深入研究用户的视觉心理和视觉习惯，以设计出符合用户直觉和期望的交互方式，引导用户视线和流程操作。最后，设计师需要关注信息传达的准确性和有效性，通过合理的信息架构和视觉隐喻等手段，确保界面能够清晰、准确地传达出所需传达的信息和意义，从而实现新媒体界面设计的整体目标。

2.2 交互设计基本理论与方法

交互设计的基本理论是一个综合性的体系，它涵盖多个方面，旨在提升用户与产品或服务之间的交互体验和效率。

交互设计强调用户中心设计（User-Centered Design，UCD）原则，即将用户的需求、体验和偏好作为设计决策的中心。这一原则要求设计师通过用户研究、需求分析、测试等方法，让设计能够真正满足用户的需求，提供以用户为中心的良好体验。

人机交互（Human-Computer Interaction，HCI）是交互设计的重要组成部分。它研究用户与计算机系统之间的互动方式，关注用户界面的设计和评估，以提升用户体验和使用效率。在人机交互中，设计师需要考虑如何让计算机系统的操作更加直观、简便，减少用户的认知负荷，提升用户满意度。

可用性原则是交互设计中不可或缺的指导性原则。这一原则包括可见性（Visibility）、反馈（Feedback）、一致性（Consistency）、简化（Simplicity）等要点，旨在改善用户界面的易用性。通过遵循这些要点，设计师可以设计出更加易于理解、操作和使用的界面，提升用户的交互体验。

用户体验设计（User Experience Design，UXD）也是交互设计的重要方面。它旨在提供积极、有意义和令人满意的用户体验，涉及用户需求研究、信息架构、视觉设计等多个方面。通过综合考虑这些因素，设计师可以创造出具有情感连接和认知价值的产品或服务，提升用户的整体满意度和忠诚度。

在交互设计中，还需要关注信息架构和响应式设计等内容。信息架构关注如何组织和结构化信息，以便用户能够轻松地找到所需的内容。响应式设计则关注如何让网站或应用程序能够适应不同的设备和屏幕尺寸，提供一致的用户体验。

总体来说，交互设计的基本理论涵盖了用户中心设计、人机交互、可用性原则、用户体验设计、信息架构和响应式设计等多个方面。这些理论相互关联、相互支持，共同构成了交互设计的完整体系。通过遵循这些理论原则，设计师可以创造出更加优秀的产品或服务，提升用户的交互体验和满意度。

在深入讨论交互设计的基本方法时，我们不得不提及情境感知理念。这一理念强调设计应考虑用户所处的具体环境和情境，包括但不限于时间、地点、用户情绪、任务目标等。基于情境感知理念，设计可以更加智能地适应用户的需求，提供个性化的服务或信息，从而提升用户的满意度和效率。同时，设计思维（Design Thinking）作为一种方法论，在交互设计中也扮演着重要角色。它强调以用户为中心，通过同理心、定义问题、构思方案、原型制作和测试验证等步骤，不断迭代和优化设计方案。设计思维鼓励设计师跳出传统框架，通过创新思维解决问题，从而创造出更加符合用户需求的产品或服务。另外，可访问性也是交互设计中不可忽视的一环。它关注的是如何让所有用户，包括残障人士、老年人、儿童等，都能够平等地访问和使用产品或服务。通过遵循可访问性原则，设计师可以确保产品或服务具有广泛的包容性，提升用户群体的多样性和满意度。最后，随着技术的不断进步和发展，交互设计也在不断演进和创新。例如，“语音交互”和“手势识别”等新型交互方式正在被逐渐普及和应用。这些新型交互方式不仅为用户提供了更加自然和便捷的交互体验，也为设计师提供了更多的创意机会和可能性。

综上所述，交互设计的基本理论与方法是不断发展和完善的体系。通过综合考虑用户中心设计、人机交互、可用性原则、用户体验设计、信息架构、响应式设计、情境感知、设计思维、可访问性及新型交互方式等多个方面，设计师可以创造出更加优秀的产品或服务，满足用户的多样化需求，提升用户的交互体验和满意度。

2.3 用户体验设计的发展历程与基本框架

用户体验（User Experience，简称 UE 或 UX）指用户使用产品过程中建立起来的纯主观感受，但是对于一个界定明确的用户群体来讲，其用户体验的共性是能够通过设计良好的实验来认识到的。计算机技术和互联网的发展，使技术创新形态正在发生转变，以用户为中心、以人为本等理念越来越得到重视，用户体验也因此被称作创新 2.0 模式的精髓。

ISO 9241-210 标准将用户体验定义为“人们对于使用或期望使用的产品、系统或者服务的认知印象和回应”。通俗来讲就是“这个东西好不好用，用起来方不方便”。因此，用户体验是主观的，且注重实际应用时产生的效果。该标准对用户体验定义的补充说明如下：用户体验，即用户在使用一个产品或系统之前、使用期间和使用之后的全部感受，包括情感、信仰、喜好、认知印象、生理和心理反应、行为和成就等各个方面。说明中列出了三个影响用户体验的因素：系统、用户和使用环境。该标准还强调了可用性与用户体验存在直接关系：可用性标准可以用来评估用户体验一些方面。不过，该标准并没有进一步阐述用户体验和系统可用性之间的具体关系。从实际经验来看，这两者是相互重叠的概念。

2.3.1　用户体验设计的发展历程

1. 公元前 4000 年:风水与用户体验

中国古代讲究“风水”之说,早在公元前 4000 年左右,先民部落选址多在依山傍水、背风向阳之地。在实际中,“风水”就是以最佳、和谐或友好的方式,安排人们的周围环境。不管是办公室、卧室等小空间,还是整栋建筑,空间的用户体验会涉及从结构到布局,再到材料、颜色等若干内容。

当我们来到北京的故宫、苏杭的园林,会为它们的金碧辉煌、雕梁画柱而心驰神往。寸草不生、狂风恶沙之地,会让人避而远之;山清水秀、避风向阳之地,会让人心情愉悦;流水潺潺、草木欣欣之地,会使人流连忘返;莺歌燕舞、鸟语花香之地,会使人心旷神怡……这就是环境景观对人类产生的影响。美好的环境景观会使人们思维更加清晰敏捷,创造性思维格外活跃。“风水”明确了用户选择住址或房间布局时的目标,根据这样的目标,经过一系列的需求分析,从而规划布局、设计外观,然后进行整体建筑的建造实施,俨然是一套完整的用户体验设计流程。

可以这样说,“风水”和用户体验设计的最终目的是相同的——提供舒适、友好的用户体验。

2. 公元前 400 年:古希腊与人体工程学

根据相关文献记载,早在公元前 400 年左右,古希腊文明就开始根据人体工程学的原理来设计和建造他们的工具和生活场所。根据国际人体工程学协会的定义,人体工程学(或人因工程学),是“关于理解人类与系统其他元素之间相互关系的学科,旨在将相关理论、原理、数据和方法应用于设计以优化人类福祉和系统整体性能”。古希腊人重视人体工程学原理的一个重要体现是,希波克拉底(古希腊医师,西方医学奠基人)描述的如何建立外科医生工作场所的方式。

希波克拉底所说的工作场所的建立主要包括房间内的照明、外科医生动手术的位置及手术工具的摆放(图 2-1)。外科医生可以站立,也可以坐着,只要这个姿势让他觉得舒适就行。工具的摆放也必须以不妨碍外科医生工作为基础,并且在需要时应易于触及。这一工作场所建立方式延续到了现代医学中。

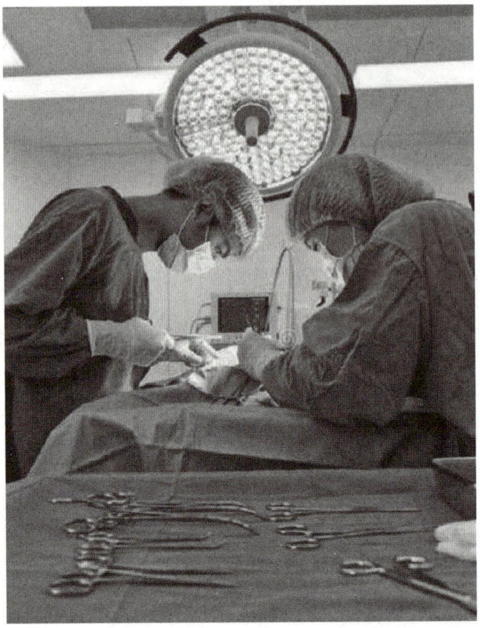

图 2-1　手术工具的摆放

3. 1430 年左右:达·芬奇的“厨房噩梦”

迈克尔·盖尔布(Michael Gelb)在他的著作《如何像达·芬奇一样思考》(*How to Think like Leonardo da Vinci*)中讲述了米兰公爵委托达·芬奇为高端宴会设计专属厨房的故事。这位伟大的艺术大师将他一贯的创造性天赋运用在了这次厨房设计中，他将技术和用户体验设计融入整个厨房的细节里面，比如，使用传送带输送食物，首次在厨房的安全设计中加入了喷水灭火系统。

有意思的是，达·芬奇的设计与很多开创性的设计一样，不足也非常明显。传送带是纯人工操作的，经常不能正常工作，更麻烦的问题出在喷水灭火系统上，不稳定的系统毁了不少食物。当然，虽然达·芬奇的这次尝试令厨房变成了噩梦，但是作为用户体验设计的早期实践，却有着无比重要的历史意义。

4. 20 世纪初:科学管理理论与用户体验

作为最早的管理顾问之一，机械工程师弗雷德里克·泰勒(Frederick Taylor)撰写了《科学管理原理》(*The Principles of Scientific Management*)一书，深刻地影响了工程效率领域的研究。随着福特汽车实现大规模生产，泰勒和他的支持者们也逐渐探索出了劳动者和工具之间高效协同交互的早期模式，这是科学管理理论与用户体验的首次碰撞。

5. 1948 年:“以用户为中心”的生产体系

1948 年,为了追求工作效率,丰田开发了以人为本的生产体系。与泰勒的理论不同,丰田的生产体系以对人的尊重为基础,并且对创造最佳工作环境十分关注。例如,丰田工厂工人如果有反馈或改进流程的建议,丰田可以停止一条装配线来做测试,就像做可用性测试一样。丰田注重用户体验,通过产品上线后的用户反馈、对用户需求的分析及用户建议与使用场景的结合,单独划出一条装配线来进行产品可用性测试与产品改进,真正做到了“以用户为中心”。

这是用户体验设计历史上的关键一步,丰田生产体系的巨大成功,使得用户与产品之间的交互体验得到了更多的重视。

6. 1955 年:亨利 · 德雷弗斯,为人的设计

用户体验设计史上的另一个关键人物是亨利 · 德雷弗斯(Henry Dreyfuss),他是一位美国的工业设计工程师,以设计和改进一些最具标志性的消费产品的可用性而闻名,他的作品包括胡佛(Hoover)真空吸尘器、桌面电话和皇家打字机公司的一些豪华打字机等。

1955 年,亨利 · 德雷弗斯出版了著名的《为人的设计》(*Designing for People*)一书(图 2-2)。在书中,他写道:“当产品和用户之间的连接点变成了摩擦点,那么工业设计

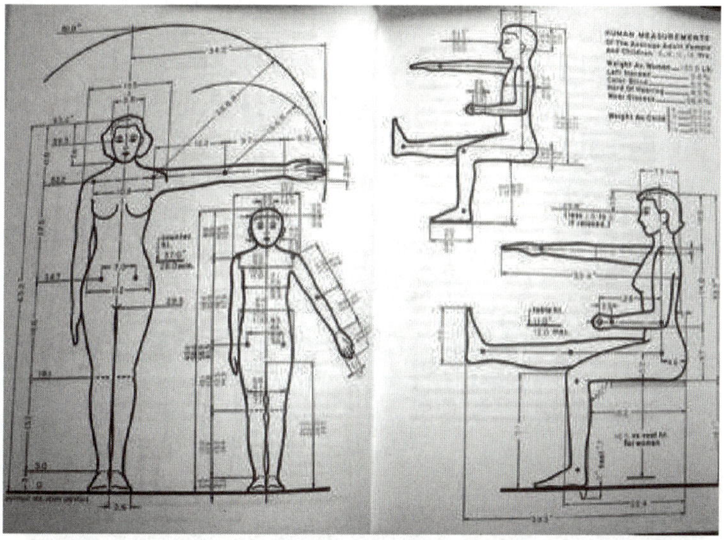

图 2-2　《为人的设计》插图

师的设计就是失败的。相反,如果产品能让人们感觉更安全,更舒适,更乐于购买,更加高效,甚至只是让人们单纯地更加快乐,那么此处设计师的设计是成功的。”

7. 1966年:迪士尼与用户体验

沃尔特·迪士尼(Walt Disney)被称为历史上第一批真正的UX设计师之一。在迪士尼世界早期建设阶段,沃尔特·迪士尼在公告中是这样描述它的:“……它(迪士尼世界)会成为一个坚持使用最新的技术改善人们生活的地方……”他的想象力和技术的结合,为人们带来了无限的开心和喜悦,并激励着设计师们(尤其是用户体验设计师)前行。

他的设计理念映射着用户体验设计的理念。而这一理念的关键是“用户为先、追踪体验流程、涉及所有接触点、致力于打造完美的用户体验”。事实上,沃尔特·迪士尼一直致力于创造神奇的、身临其境的、近乎完美的用户体验,而他打造迪士尼世界的方式也正是用户体验设计该有的方式。

8. 20世纪70到80年代:施乐、苹果和个人电脑时代

20世纪70年代,个人电脑时代来临,这个时代的心理学家和工程师开始共同致力于研究用户体验设计。

作为施乐公司最出名的研究机构,帕洛阿尔托研究中心为随后大范围普及的个人电脑的设计和交互逻辑定下了基调。鲍勃·泰勒(Bob Taylor)是一名训练有素的心理学家和工程师,他带领他的团队构建出了人机交互领域许多重要的交互界面及交互工具,包括图形化界面(Graphical User Interface, GUI)和鼠标。图2-3展示了施乐公司

图2-3　施乐公司研发的个人电脑

研发的个人电脑。乔布斯和盖茨先后访问过帕洛阿尔托研究中心，参考了施乐个人电脑的设计，这为苹果和微软公司开辟了通向未来的道路。1984 年，麦金塔（Macintosh）电脑发布，这是苹果公司首款面向大众市场的个人电脑，使用图形用户界面、内置屏幕和鼠标。

从此，苹果公司一直坚持做用户体验的创新者，从 2001 年的第一款 iPod 到 2007 年的 iPhone，再到已经发布的 Vision Pro，甚至可以说这家公司推动了 UX 设计的流行。

9. 1995 年：唐纳德·诺曼与用户体验

身为电气工程师和认知科学家的唐纳德·诺曼（Donald Norman）加盟苹果公司之后，帮助这家传奇企业对他们的产品进行以用户体验为中心的研究和设计。而他的职位被命名为“用户体验架构师”（User Experience Architect），这也是首个以用户体验命名的职位。在这个阶段，他还撰写了经典的设计书《设计心理学》（*The Design of Everyday Things*），直到今天这本书依然是设计师的必读书。

10. 2007 年：iPhone 的发布

2007 年 Macworld 大会上，苹果公司发布了第一代 iPhone（图 2-4），称其为“跨越式产品”，并承诺它会比市面上任何智能手机都要容易使用。随后，iPhone 不仅兑现了乔布斯的承诺，而且彻底改变了智能设备领域的格局。

图 2-4　第一代 iPhone

iPhone 的绝妙之处在于，它融合了当时较先进的软件和硬件系统，让用户使用电容触摸屏而非传统的物理键盘来进行交互。可以说，初代 iPhone 所提供的用户体验，远远优于同时代的手机。这也让智能设备软硬件研发相关领域的企业将重心放到用户体验上来，因为苹果公司强调他们是通过提供出色的用户体验赢得市场的，其他企业自然而然地跟随他们的脚步。

2.3.2 用户体验设计的基本框架

用户体验设计是一个系统性的方法论，用于指导设计师从用户的角度出发，创建和优化产品或服务的交互体验。在实践中，可参考以下三个阶段进行设计。

1. 设计的三个阶段

（1）研究阶段

用户研究：通过问卷调查、访谈、用户观察等方法，深入了解用户的需求、习惯、期望和痛点。

竞品分析：研究市场上同类产品或服务的用户体验，了解行业趋势和最佳实践。

目标定义：基于用户研究和竞品分析的结果，明确设计目标，包括用户目标、业务目标和设计标准。

（2）设计阶段

概念设计：根据研究阶段的结果，提出初步的设计概念，包括功能布局、信息架构和交互流程等。

原型制作：制作低保真和高保真原型，用于测试和验证设计概念。低保真原型通常用于快速迭代和团队讨论，而高保真原型则更接近于最终产品，用于用户测试和评估。

界面设计：在原型基础上进行具体的界面设计，包括图形、布局、颜色、字体等元素的设计。界面设计应遵循一致性和可识别性原则，确保用户能够轻松理解和使用产品。

（3）评估阶段

可用性测试：通过用户测试，评估原型的可用性和用户满意度。测试可以包括任务完成时间、错误率、用户反馈等指标。

数据分析：收集和分析测试数据，识别问题和改进点。数据分析有助于设计师了解用户在使用过程中的真实体验，从而指导后续的设计优化。

迭代优化：根据测试结果和数据分析，对设计进行迭代优化。这可能包括调整界面布局、优化交互流程、改进功能实现方式等内容。

2. 设计的核心要素

以用户为中心：设计过程中始终关注用户的需求和体验，确保产品能够满足用户的期望。

设计的一致性：保持设计元素和交互流程的一致性，降低用户的学习成本和使用难度。

可访问性：确保产品易于访问和使用，无论用户处于何种环境或设备下都能获得良好的体验。

反馈机制：提供清晰的反馈机制，帮助用户了解操作结果和系统状态。

3. 常用框架模型

设计思维框架：包括移情（理解用户需求）、定义（明确设计问题）、构思（生成设计想法）、原型（制作原型用来测试）和测试（评估原型效果并迭代优化）五个阶段。

用户体验要素框架：由杰西・詹姆斯・加勒特（Jesse James Garrett）提出，包括战略层（定义用户需求和业务目标）、范围层（确定产品包含的功能和内容）、结构层（组织设计元素和用户交互流程）、骨架层（设计产品的布局和导航结构）和表面层（产品的视觉设计和用户体验的呈现）五个层次。

总的来说，用户体验设计是一个系统性的方法论，通过结构化的工作流程和核心要素指导，帮助设计师从用户的角度出发，创建和优化产品或服务的交互体验。设计师应灵活运用不同的框架模型和方法论，结合实际情况进行设计和优化，以提升用户体验和产品竞争力。

课后思考

界面设计的基本原则（如可访问性等）在新媒体界面设计中是如何体现的？尝试分析一个你熟悉的新媒体平台（如社交媒体、新闻应用等），指出其设计中遵循了哪些基础的设计理论或原则，并讨论这些理论或原则是如何提升用户体验的。

第 3 章
新媒体界面设计元素与视觉语言

3.1 图形设计与图标设计

3.1.1 图形设计概述

1. 图形设计的定义与历史

图形设计(Graphic Design)是一种通过视觉元素传达信息、思想和情感的艺术与实践。它结合了文字、图像、色彩和排版等多种元素,旨在创造具有吸引力和功能性的视觉作品。

图形设计是对文字、图像、色彩、形状、线条等基本视觉元素进行创意性的组合与编排。设计师利用这些元素的不同属性和特点完成具有创造性的作品,比如,文字的字体、大小、颜色可以传达不同的风格和情感;图像的内容、风格能直观地展示主题或营造氛围;色彩的搭配能影响整体的视觉感受和情感倾向;形状和线条的变化可以创造出独特的构图和视觉引导。在一个电影海报设计中,设计师可能会选择特定风格的字体来体现电影的类型,用具有冲击力的图像展示电影的关键场景或角色,再搭配合适的色彩来营造出电影的整体氛围,最后通过形状和线条的组合来引导观众的视线,使海报更具吸引力和表现力。

图形设计是一种以视觉形式进行信息传播的手段。设计师将需要传达的信息，如产品特点、品牌理念、活动内容等，转化为易于理解和接受的视觉符号，通过各种媒介，如海报、宣传单页、包装、网页等，传递给目标受众。比如，在一个环保公益广告中，设计师会通过简洁明了的图形和文字，将环保的重要性和具体行动方案等信息传达给大众，引发人们对环保问题的关注、思考和行动。

图形设计是为了解决特定的设计问题而诞生的。在商业领域，它通常是为了提高产品的市场竞争力，通过精美的包装设计、独特的品牌形象设计等吸引消费者；在文化领域，它通常是为了更好地展现文化内涵和特色，如博物馆的导览系统设计、文化活动的视觉形象设计等；在社会领域，它通常是为了推动某种社会观念或人们行为的改变，如尊老爱幼宣传设计、垃圾分类宣传设计等公益海报设计(图 3-1)等。

图 3-1　公益海报设计

图形设计融合了艺术创意与技术手段。设计师需要具备一定的艺术素养和审美能力，娴熟运用自己的创意和想象力，才能创造出独特而富有美感的视觉作品。同时，设计师也需要掌握各种设计软件和工具的使用技巧，如 Adobe Photoshop、Illustrator 等，将创意转化为实际的设计作品。而且，随着技术(如交互技术、虚拟现实技术等)的不断发展，图形设计也在不断拓展其边界、丰富其表现形式。

图形设计的发展历史源远流长，与人类文明的进步息息相关。

早在原始社会，人类就开始通过绘制简单的符号和岩画来记录信息、表达情感和进行交流。这些符号和岩画可以看作是图形设计的雏形，如法国的拉斯科岩洞壁画、中国的贺兰山岩画等，它们生动地描绘了当时人类的生活场景、狩猎活动及对自然现象的理解。随着文明的发展，古埃及、古巴比伦、中国等古老文明都逐渐形成了自己的象形文字系统（图 3-2）。这些文字以图形的形式来代表具体的事物或概念，具有很强的视觉表现力和象征意义，是图形与文字结合的早期形式，也是图形设计在信息记录和传播方面的重要应用。

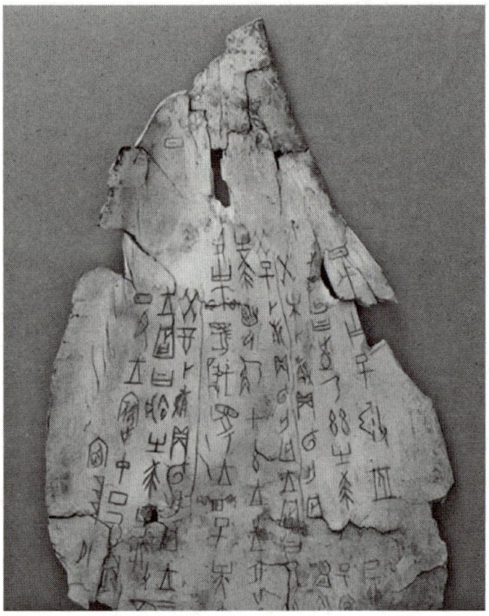

图 3-2　中国象形文字——甲骨文

在古代，人们运用各种图案和纹饰对陶器、青铜器、纺织品等工艺品进行装饰，如中国古代陶器上的人面鱼纹（图 3-3），古希腊陶器上的人物和神话故事图案等。这些装饰图案不仅具有审美价值，还反映了当时的社会文化和宗教信仰。

图 3-3　人面鱼纹彩陶盆

在中世纪的欧洲，宗教在社会生活中占据主导地位，图形设计主要体现在宗教艺术和手抄本插图中。修道院的修士们精心绘制的手抄本圣经和祈祷书，采用了精美的插图、花体字和装饰性边框，以增强宗教书籍的神圣感和权威性，这些插图和装饰风格严谨、细致，具有浓厚的宗教象征意义。伊斯兰文化在这一时期也发展出了独特的图形艺术风格，以复杂的几何图案、阿拉伯书法和植物纹样为主要特征，广泛应用于建筑装饰、陶瓷、纺织品等领域，体现了伊斯兰文化对秩序、和谐与美的追求。

文艺复兴时期，绘画艺术达到了新的高度，艺术家们如达・芬奇、米开朗琪罗等以精湛的技艺和创新的构图，创作了许多经典的绘画作品，这些作品对图形设计的发展产生了深远影响。同时，印刷术的发明和传播使得书籍、海报等印刷品成为图形设计的重要载体，促进了信息的传播和文化的交流。阿尔布雷希特・丢勒(Albrecht Dilrer)等艺术家不仅在绘画领域有卓越成就，还在书籍插图和印刷设计方面做出了重要贡献，使图形设计与印刷技术紧密结合。

工业革命带来了生产力的巨大发展和商业的繁荣，广告和招贴设计成为宣传产品和促进销售的重要手段。彩色石印技术的出现使得大规模生产色彩鲜艳、图像精美的招贴画成为可能，许多著名的设计师，如朱尔斯・谢雷特(Jules Cheret)等，创作了大量具有影响力的广告招贴，其风格多样，从写实到装饰性风格都有，吸引了广大消费者的目光。随着商品经济的发展，产品包装设计逐渐兴起，包装不仅要保护产品，还要起到宣传和促销的作用。包装上开始出现品牌标识、产品信息和精美的图案设计，产品包装设计成为图形设计的一个重要领域。

20 世纪初，现代主义设计运动兴起，强调功能主义、简洁性和几何形式，主张“形式追随功能”。包豪斯设计学院是现代主义设计的重要代表，其倡导的设计理念对图形设计产生了深远影响，推动了字体设计、平面构成、色彩理论等方面的创新，使图形设计更加注重理性和秩序。二战后，国际主义风格以瑞士为中心发展起来并盛行于欧洲。这种风格强调简洁、清晰、易读，采用无衬线字体、网格系统和大量的白色空间，使信息能够快速、准确地传达给受众，广泛应用于海报、书籍、杂志等设计领域，成为现代图形设计的主流风格之一。

20 世纪 60 年代后，后现代主义设计兴起，它反对现代主义的单一性和标准化，强调设计的多元性、装饰性和文化内涵，常常采用混合、拼贴、夸张等手法，将不同的文化元素、历史符号与现代设计相结合，创造出富有个性和创意的图形设计作品，使图形设计更加注重情感表达和文化意义。

随着计算机技术和互联网的发展，从 20 世纪末开始，图形设计进入了数字化时代。设计师可以利用各种设计软件和工具，更加高效地进行创作和设计，同时，新媒体的出现也为图形设计带来了新的挑战和机遇，网页设计、界面设计、交互设计、动画设计、数字广告等成为图形设计的重要领域，这要求设计师具备跨学科的知识和技能，能够将图形设计与交互技术、用户体验等相结合。当代图形设计呈现出多元化和个性化的发展趋势，各种风格和流派并存，设计师们不再局限于传统的设计规则和方法，而是更加注重创新和个性表达，融合不同文化、艺术形式和技术手段，创造出丰富多彩、独具特色的图形设计作品，以满足不同客户和受众的需求。

2. 图形设计的基本原则

下面几条图形设计的基本原则是设计师在创作过程中必须遵循的基本准则，以确保设计的有效性和美观性。

对比(Contrast)：通过不同元素的对比(如大小、颜色、形状等)来吸引观众的注意力，增强视觉冲击力。

对齐(Alignment)：确保设计中的元素在视觉上对齐，以创造秩序感和一致性。

重复(Repetition)：通过重复使用某些元素(如颜色、形状、字体等)来增强设计的统一性和连贯性。

亲密性(Proximity)：将相关的元素放在一起，以显示它们之间的关系，提高信息的清晰度。

平衡(Balance)：通过对称或不对称的布局来创造视觉上的平衡感，使设计看起来稳定和谐。

留白(White Space)：合理利用空白区域，避免设计过于拥挤，提升信息的可读性和视觉舒适度。

3. 图形设计的应用领域

(1) 品牌与市场营销

品牌形象设计：包括品牌标志、品牌色彩体系、品牌视觉规范等的设计。如苹果公司简洁而富有科技感的标志，以及其以银、白、黑为主的品牌色彩，给人留下了高端、简约的深刻印象，成为品牌形象设计的经典范例。

广告宣传：在各类广告中，如电视广告、户外广告、网络广告等，图形设计用于创造吸引眼球的画面和创意，以传达产品或服务的特点、优势和价值。例如，可口可乐的广告常以色彩鲜艳的画面和充满活力的形象，传递出快乐、活力的品牌形象。

包装设计：如图 3-4 所示，产品的包装从外形到标签，都需要通过图形设计来提升吸引力和辨识度。像化妆品品牌的包装，往往会采用精美的图案、优雅的字体和独特的色彩搭配，来体现产品的品质和定位。

图 3-4　产品包装设计

（2）出版与印刷

书籍设计：如图 3-5 所示，书籍设计包括书籍的护封、内封、书脊、腰封、内页排版等各个方面的设计。优秀的书籍设计能通过图形、色彩和文字的巧妙组合，准确传达书籍的主题和风格，增强读者的阅读体验。比如一些文学名著的精装版，会采用复古风格的插图和典雅的字体，营造出浓厚的文化氛围。

图 3-5　书籍设计

杂志设计：杂志的整体视觉风格、栏目插图、广告排版等都依赖图形设计。时尚杂志通常会以精美的时尚封面、独特的版式设计来吸引读者，体现时尚潮流和品味。

(3) 网页设计与界面设计

网页设计：包括网站的整体布局、导航栏设计、图片展示、交互元素等。一个设计良好的网页，会运用图形设计原理，使页面简洁美观、易于浏览和操作。如电商网站会通过清晰的产品图片、简洁的分类导航和有吸引力的促销活动海报，提升用户的购物体验。

界面设计：手机应用、软件界面等的设计也离不开图形设计。设计师需要考虑用户习惯和视觉感受，设计出简洁、直观、美观的界面，如社交应用的界面，通常会采用简洁的图标和舒适的色彩搭配，方便用户快速上手和使用。

(4) 影视与动画

影视海报与宣传物料：影视海报是电影、电视剧等重要的宣传手段，通过图形设计将影片的主题、角色、风格等元素以极具冲击力的画面呈现出来，可以吸引观众的注意力。如电影《盗梦空间》的海报，以独特的城市折叠画面和神秘的人物形象，引发了观众对影片内容的好奇。

动画设计：从角色设计、场景设计到动画特效，都需要图形设计的支持。像迪士尼的动画作品，以其精美的角色造型、绚丽的场景画面和精彩的特效，为观众带来了视觉盛宴。

(5) 环境与导视设计

环境图形设计：在公共场所，如商场、酒店、机场等，可以通过图形设计来美化空间、营造氛围。如一些主题餐厅，会通过墙绘、装饰摆件等图形元素，打造出独特的主题环境，给顾客带来别样的用餐体验。

导视系统设计：指用于指示方向、引导人流、传递信息的导视牌、标识等的设计。在医院、学校等场所，清晰、醒目的导视系统能够帮助人们快速找到目的地，提高空间的使用效率。

(6) 社会公益与文化活动

公益宣传设计：在环保、教育、健康等公益领域，通过图形设计制作宣传海报、宣传册等，传播公益理念，引发社会关注。如预防艾滋病的公益广告，常以简洁而有力的图形和文字，向大众传递预防艾滋病的知识和重要性。

文化活动视觉设计：各类文化活动如音乐节、艺术展览、民俗活动等的视觉形象设计，如活动海报、门票、宣传品等，能够展现活动的特色和文化内涵，吸引参与者。

3.1.2　图标设计概述

1. 图标设计的定义与历史

图标设计（Icon Design）是图形设计的一个分支，专注于创建简洁、易于识别的视觉符号，用于传达特定的信息或功能。

图标设计以图形为主要表现手段，运用点、线、面、色彩等基本视觉元素，通过具象、抽象或半抽象等表现手法进行创作。具象图标直接以人们熟悉的事物形象为蓝本，如用一个照相机的图形来表示拍照功能；抽象图标则是对事物特征进行高度概括和提炼，以简洁的几何形状或线条来传达含义，比如用一个圆加上线条表示信号（图 3-6）；半抽象图标则是将具象与抽象相结合，既有一定的具体形象，又进行了适当的简化和变形。

图标具有明确的信息传达功能，能够在不依赖文字说明的情况下，让用户快速理解其代表的内容或操作。在手机界面中，各种应用图标通过独特的图形设计，使用户一眼就能识别出其主要功能，如微信的图标是两个重叠的对话气泡，直观地体现了其社交聊天的功能。同时，图标还具有引导用户行为的作用，在界面设计中，可以通过设计不同的图标来提示用户进行不同的操作，如手机电话接听界面的图标（图 3-7）可以表示“挂断”或“免提”等含义，从而引导用户按照特定的方式进行想要的操作。

图 3-6　信号图标设计

图 3-7　手机电话接听界面的图标

图标设计的目的是提高信息传达的效率和准确性，增强用户与界面、产品或系统之间的交互体验。在现代数字化环境中，需要将信息大量且快速地呈现给用户，图标作为一种视觉语言，能够以最简洁、最直接的方式将信息传递给用户，帮助用户快速识别和区分不同的功能和内容，从而提高用户操作的效率和便捷性。例如在电脑操作系统的任务栏中，各种图标清晰地展示了不同的功能，让用户能够快速找到并使用所需的工具和应用程序，提升了整体的使用体验。

图标设计广泛应用于各个领域，包括软件界面、移动应用、网站、游戏、电子设备、交通标志、公共设施标志等。在不同的场景中，图标都发挥着重要的作用。在交通领域，各种交通标志图标意义明确，如红色圆形带斜杠表示禁止，黄色三角形表示警告。这些图标以统一、规范的图形语言，为人们提供了清晰的交通指引，保障了交通的安全和顺畅。在游戏中，各种道具图标、技能图标等能够帮助玩家快速识别和操作，增强了游戏的趣味性和流畅性。

图标设计的历史和图形设计一样可以追溯到远古时期。那时，人类为了记录信息和表达想法，开始使用简单的图形符号。如图 3-8 所示，洞穴壁画就是早期人类用来记录生活场景、狩猎过程等的一种方式，这些壁画可以看作是图标设计的雏形。

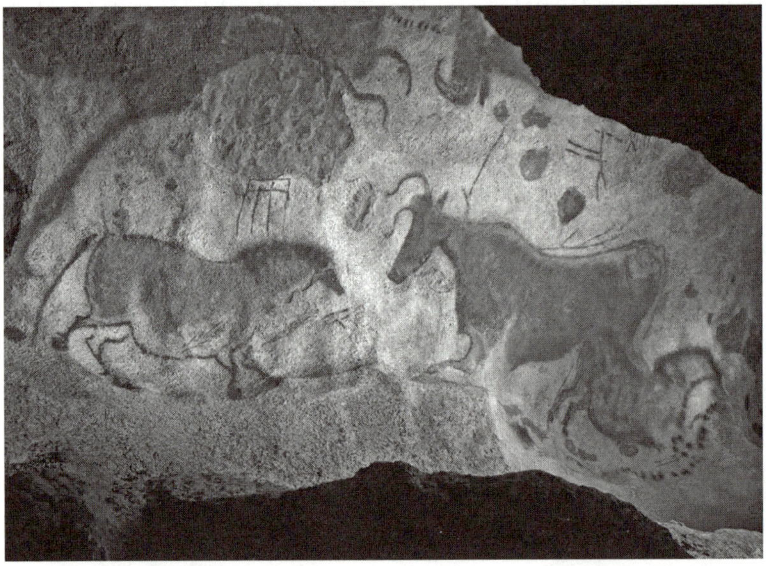

图 3-8　洞穴壁画

随着文明的发展，古代许多民族和国家都逐渐形成了自己的文字和标识系统。如古埃及的象形文字，通过描绘具体的事物来代表特定的意义，具有很强的图形化特征；中国的甲骨文也是以象形、指事等方式创造的文字，其中很多字符都可以视为具有表意功能的图标。此外，古代的家族徽章、商号标记等也是图标设计的早期形式，它们用于区分不同的家族、商号或团体，具有独特的象征意义和识别功能。

18 世纪 60 年代至 20 世纪中叶，工业革命带来了大规模的商品生产和流通，为了区分不同厂家的产品，商标和品牌标识设计逐渐变得重要起来。这一时期的图标设计开始注重简洁性和可识别性，以适应大规模生产和传播的需求。如奔驰公司的三叉星标志，以简洁而富有象征意义的设计，代表了奔驰公司在海陆空三个领域的发展追求，成了经典的图标设计。

20 世纪初，随着现代主义设计运动的兴起，图标设计受到了包豪斯设计学院的理念影响，强调功能主义和形式追随功能的原则。这使得图标设计更加注重简洁、清晰和几何化，以达到高效传达信息的目的。在这一时期，许多企业和机构开始采用简洁的几何图形和无衬线字体来设计标志和图标，如德国汉莎航空公司的标志，采用简洁的飞鸟图形，体现了航空运输的行业特点。

二战后，随着电子技术的发展和计算机的逐渐普及，图标开始被应用于电子设备和操作系统中。早期的计算机界面图标较为简单，主要以简单的线条和图形来表示不同的功能，如磁盘图标用于表示存储设备。

20 世纪 80 年代，苹果公司推出的麦金塔电脑的图形用户界面中的图标设计具有里程碑意义。这些图标采用了拟物化的设计风格，通过模仿现实世界中物体的形态和质感，让用户更容易理解和操作。如垃圾桶图标就像一个真实的垃圾桶，用户可以直观地知道它是用于删除文件的。这一时期，图标设计成为提升用户体验的重要手段，并且随着软件和电子产品的多样化，图标设计的风格和形式也越来越丰富。

随着互联网和移动设备的飞速发展，图标设计进入了一个全新的时代。扁平化设计风格成为主流，这种风格强调简洁、直观，去除了复杂的光影和质感效果，使图标在各种屏幕尺寸和分辨率下都能保持清晰和可识别性。如微信、支付宝等移动应用的图标，都采用了简洁的扁平化设计，方便用户在手机屏幕上快速识别和操作。

同时，随着用户对个性化和情感化设计的需求增加，图标设计也更加注重与用户的情感共鸣。一些品牌会通过独特的图标设计来传达品牌的个性和价值观，如一些社交应用的图标会采用温暖、活泼的色彩和图形，营造出友好、亲切的氛围。此外，动态图标和交互图标也逐渐兴起，为用户带来了更加丰富和有趣的体验，如一些应用的图标在点击时会有动画效果，增加了用户与应用之间的互动性。

图标设计从最初简单的信息记录和标识，发展到如今成为数字化时代用户界面和品牌传播的重要组成部分，不断适应着社会发展和技术进步的需求，其未来也将随着科技和文化的发展继续演变和创新。

2. 图标设计的基本原则

功能性（Functionality）：图标设计与图形设计的基本原则存在显著差异，主要体现在目标导向、表现形式、功能性要求及应用场景等方面。图标设计的核心目标是快速、准确地引导用户行为或传递特定功能。例如，手机应用图标须让用户一眼识别其功能（如相机图标代表拍摄），而无需文字说明。图标设计的形式高度简化，以几何化、扁平化为主，避免冗余细节。例如，现代操作系统的图标多采用极简线条和纯色填充，确保在各尺寸下都清晰可辨。图 3-9 和图 3-10 分别为 iOS 和 Windows Phone 的图标设计。图标设计的功能性是第一优先级。例如，网页导航图标需明确区分“主页”“搜索”“设置”等功能，若设计复杂可能导致用户误操作。图标设计适用于需要快速交互或进行功能引导的场景，如软件界面、交通标识、移动应用等。例如，地铁线路图中的图标需统一且易于识别，确保乘客能在短时间内快速获取信息。

图 3-9　iOS 的图标设计

图 3-10　Windows Phone 的图标设计

简洁性（Simplicity）：图标应尽可能简洁，避免过多的细节，以确保在不同尺寸和分辨率下都能清晰识别。

一致性（Consistency）：图标的设计风格应保持一致，以有助于用户的识别和理解。

可识别性（Recognizability）：图标应易于识别，能够快速传达其代表的含义或功能。

可扩展性(Scalability):图标应能够在不同尺寸和分辨率下保持清晰和可识别。

文化适应性(Cultural Adaptability):图标的设计应考虑不同文化背景下的用户,避免使用可能引起误解的元素。

3. 图标设计的应用领域

(1) 电子设备与操作系统

手机:手机桌面及系统界面中的各种应用图标是图标设计的典型应用,如微信的绿色对话气泡图标、支付宝的蓝色“支”字图标等。用户通过这些简洁直观的图标能快速识别并打开相应应用。

电脑:无论是 Windows 系统还是苹果的 macOS 系统,都有大量的图标用于表示文件类型、应用程序、功能选项等。如回收站图标形似垃圾桶,形象地表达了其存储已删除文件的功能,方便用户进行操作。

智能手表:如图 3-11 所示,由于屏幕空间有限,智能手表上的图标设计更加注重简洁性和高辨识度,以帮助用户在小屏幕上快速找到所需功能,如运动监测、心率检测等功能图标。

图 3-11 智能运动手表的图标设计

(2) 软件与互联网

网页:网页中的导航图标、功能图标等能提升用户体验。比如常见的搜索图标、购物车图标、返回顶部图标等,用户无须阅读文字就能明白其功能,提高了操作效率。

软件界面:办公软件、绘图软件等各种专业软件的界面中,图标被广泛用于表示各种工具和操作命令。如 Photoshop 中的画笔工具图标、图层管理图标等,可以方便用户快速找到并使用相应功能。

游戏：如图 3-12 所示，游戏中的各种图标常用于表示角色状态、装备、技能、商店等信息。如生命值图标、魔法值图标、任务提示图标等，可以帮助玩家快速了解游戏状态并做出决策。

图 3-12　游戏图标设计

（3）交通与公共设施

交通标志：如图 3-13 所示，道路上的交通指示牌、信号灯等都是图标设计的重要应用，如圆形的红灯表示禁止通行，三角形的警告标志提醒驾驶员注意危险等。这些图标以简洁明了的方式引导人们安全出行。

图 3-13　交通标志

地铁站：地铁线路图、站点标识、车厢内的提示图标等，能帮助乘客快速找到自己的出行路线和目的地。如不同颜色的线条表示不同的地铁线路，各种箭头和图形表示换乘、出入口等信息。

机场：机场的指示牌、登机口标识、行李托运图标等，为旅客提供清晰的指引。如行李提取处的图标，通过简单的图形让旅客一眼就能明白其功能。

(4) 商业与品牌

品牌标志：品牌标志是图标设计的重要形式，它是品牌形象的核心代表，如耐克公司的钩形标志、苹果公司的苹果图标等。这些简洁而独特的图标具有极高的辨识度，能够让消费者快速识别和记忆品牌。

产品包装：产品包装上的各种图标用于表示产品的特点、功能、使用方法等信息。如食品包装上的营养成分图标、保质期图标，药品包装上的服用方法图标等，可以帮助消费者更好地了解和使用产品。

广告宣传：在广告海报、宣传册等宣传资料中，图标常被用于突出产品或服务的关键信息。如在汽车广告中，可能会用一些简洁的图标来表示汽车的安全配置、智能功能等，使信息更加直观易懂。

(5) 医疗与健康

医疗设备：医疗设备的操作界面上有许多图标，用于表示不同的功能和状态。如心电图机上的各种波形图标、血压计上的测量和设置图标等，可以方便医护人员快速操作和读取信息。

药品说明书：药品说明书上的图标用于表示药品的用法、用量、禁忌等重要信息。如用箭头和图形组成的图标表示药品的服用方式和剂量，用红色斜线表示禁止使用的情况等，可以使患者能够更清晰地理解用药要求。

医院导视系统：如图 3-14 所示，医院内的导视图标可以帮助患者快速找到各个科

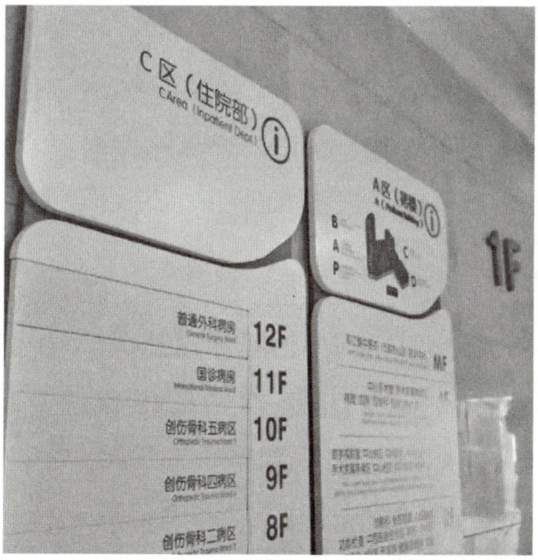

图 3-14　医院导视系统

室、挂号处、缴费处等。如用十字图标表示医院，用不同的图标表示内科、外科、妇产科等科室，为患者提供便捷的指引。

3.1.3　对图形设计与图标设计的思考

1. 图形设计与图标设计的关系

图标设计是图形设计的细分领域，图形设计是一个广义概念，涵盖所有通过视觉符号（如形状、色彩、排版等）传递信息或情感的设计形式，包括海报、品牌标识、插画、包装等。

图标设计则是图形设计的一个子集，专注于以极简符号明确传递功能或信息，其核心目标是信息传达和引导行为。例如，应用图标、交通标识等均属于图标设计的范畴。图标设计是图形设计在功能性、符号化方向上的深化应用，图形设计的范畴更广。

图形设计擅长通过复杂创意表达整体概念或情感，例如品牌视觉系统中的主视觉图形。图标设计则以简洁符号辅助图形设计，增强信息传达的效率。例如，在应用界面中，图形设计负责整体风格，图标设计负责功能引导。苹果公司的设计中，其主标志（被咬的苹果图形）属于图形设计，而其 iOS 系统中的应用图标（如相机、设置等）则属于图标设计，两者共同构建统一的视觉语言。

2. 图形设计与图标设计原则的共性与差异

共性：二者均需遵循色彩理论、构图平衡、视觉层次等基础设计原理，都须考虑目标受众的认知习惯（如红色代表警告、绿色代表安全等）。

差异：图形设计更强调创意性、艺术性和情感共鸣，允许使用复杂细节和抽象表达。图标设计则以功能性为核心，要求高度简化、符号化，避免歧义（如放大镜必须明确指向“搜索”功能）。

3. 应用场景的交叉与分工

在品牌设计中，图形设计（如主视觉）与图标设计（如子功能标识）需和谐统一。

在界面设计中，图形设计（如背景图、装饰元素）与图标设计（如操作按钮）共同提升用户体验。

在一个完整的设计中，图形设计负责整体风格和情感基调，图标设计负责功能指示和交互效率。

例如，一款运动应用的启动页可能采用充满活力的图形设计（如动态人物插画），而内部功能图标则需使用极简符号（如跑步小人、心率曲线）。

4. 技术工具的通用性

两者均使用类似的设计软件（如 Adobe Illustrator、Figma），但侧重点不同。图形设计可能更多使用画笔、纹理、渐变等复杂效果，而图标设计依赖几何形状、网格对齐、像素完美等技术细节。

图标设计是图形设计的“精准化工具”，专注于功能性和效率；图形设计则是图标设计的“创意母体”，为其提供风格基础和视觉语言。图形设计是“表达思想”，图标设计则是“解决问题”。两者在实际项目中常结合使用，共同构建完整的视觉解决方案。

5. 图形设计与图标设计的协同作用

图形设计与图标设计在许多项目中协同作用，共同创造出具有吸引力和良好功能的视觉作品。例如，在品牌设计中，图形设计负责创建整体的视觉形象，而图标设计则负责设计独特的品牌图标；在网页设计中，图形设计师负责设计页面的整体布局和视觉风格，而图标设计师则负责设计页面中的各种功能图标。

6. 图形设计与图标设计常用工具

(1) 图形设计常用工具

Adobe Photoshop：用于图像编辑和合成，广泛应用于平面设计、网页设计等领域。

Adobe Illustrator：用于矢量图形设计，广泛应用于标志设计、插图设计等领域。

Adobe InDesign：用于出版物设计，广泛应用于书籍、杂志、报纸等出版物的版面设计中。

CorelDRAW：用于矢量图形设计，广泛应用于标志设计、插图设计等领域。

Sketch：用于用户界面设计，广泛应用于移动应用和网页设计领域。

(2) 图标设计常用工具

Adobe Illustrator：用于矢量图形设计，广泛应用于图标设计中。

Sketch：用于用户界面设计，广泛应用于移动应用和网页设计中的图标设计中。

Figma：用于用户界面设计，广泛应用于移动应用和网页设计中的图标设计中。

IconJar：用于图标管理和组织，帮助设计师快速找到和使用图标。

IcoMoon：用于创建和导出图标字体，广泛应用于网页设计中的图标设计中。

7. 图形设计与图标设计的未来趋势

随着技术的不断发展，图形设计与图标设计也在不断演变。

响应式设计：随着移动设备的普及，设计师需要创建能够适应不同屏幕尺寸和分辨率的图形和图标。

动态图形（Motion Graphics）：随着视频和动画的普及，设计师需要创建动态的图形和图标，以增强视觉吸引力和用户体验。

虚拟现实（Virtual Reality，VR）与增强现实（Augmented Reality，AR）：随着虚拟现实和增强现实技术的发展，设计师需要创建适用于这些新平台的图形和图标。

人工智能（Artifical Intelligence，AI）技术的应用：随着人工智能技术的发展，设计师可以利用 AI 工具自动生成图形和图标，提高设计效率。

8. 图形设计与图标设计的案例分析

（1）图形设计案例分析

苹果公司的品牌设计是图形设计的一个经典案例。如图 3-15 所示，苹果的标志简洁而富有辨识度，采用单色设计，易于在不同背景下使用。苹果的品牌色彩以白色和灰色为主，传达出简约、高端和现代的品牌形象。苹果的产品包装设计也非常简洁，通常采用白色背景和产品图片，突出产品的质感和设计感，与其品牌形象相呼应。

图 3-15　苹果产品

耐克的"Just Do It"广告也是一个经典的设计案例。耐克的广告采用简洁的视觉元素和强烈的对比色彩，传达出运动、力量和决心的品牌精神。广告中的文字"Just Do It"简洁有力，易于记忆，成为耐克品牌的标志性口号。

(2) 图标设计案例分析

谷歌的 Material Design 图标是图标设计的一个经典案例。Material Design 图标采用简洁的几何形状和明亮的色彩，易于识别和使用。图标的设计风格一致，增强了用户的操作体验。Material Design 图标还具有良好的可扩展性，能够在不同尺寸和分辨率下保持清晰和可识别。

9. 小结

图形设计与图标设计是视觉传达的重要组成部分，它们在品牌设计、广告设计、网页设计等领域发挥着重要作用。图形设计注重整体的视觉传达和美学效果，而图标设计更注重简洁性和可识别性。两者在许多项目中协同作用，共同创造出具有吸引力和功能性的视觉作品。随着技术的不断发展，图形设计与图标设计也在不断演变，它们未来的发展趋势包括响应式设计、动态图形、虚拟现实与增强现实及人工智能技术的应用。通过学习和掌握图形设计与图标设计的基本原则、工具和技术，设计师可以创造出更具吸引力和功能性的视觉作品，满足不断变化的市场需求。

3.2 色彩搭配与情感化设计

3.2.1 色彩搭配与情感化设计原则

1. 色彩搭配的基本原则

色彩搭配是新媒体界面设计中的重要组成部分，它通过颜色的组合和搭配传达信息，增强用户体验。

(1) 色彩理论基础原则

色轮原理：色轮是色彩搭配的基础工具，它将色彩按照红、橙、黄、绿、蓝、紫等顺序呈环状排列。通过色轮可以直观地了解色彩之间的关系，如相邻色、互补色等，这可以为色彩搭配提供依据。

三原色与三间色：颜料三原色是红、黄、蓝，它们是无法通过其他颜色混合而成的基本色。三间色，即橙、绿、紫，是由三原色两两混合得到的。在色彩搭配中，三原色和三间色的合理运用可以创造出丰富的色彩效果。

色彩属性：包括色相、明度和纯度。色相是指色彩的种类，如红色、蓝色等；明度是指色彩的明亮程度，白色明度最高，黑色明度最低；纯度是指色彩的鲜艳度，纯度越高，色彩越鲜艳。在进行色彩搭配时，需要考虑这三个属性的协调，以达到理想的视觉效果。

（2）基于色彩关系的搭配原则

互补色搭配：互补色是色轮上相对的颜色，如红与绿、蓝与黄等。使用互补色搭配的方式能产生强烈的视觉冲击，使画面更加生动、鲜明，常用于需要突出重点或营造强烈氛围的设计中，但使用时要注意比例和明度的调整，避免过于刺眼。

类似色搭配：类似色是色轮上相邻的颜色，如红、橙、黄或蓝、紫、蓝绿等。它们具有相似的色调，搭配起来和谐、统一，能给人一种柔和、舒适的感觉，适合营造温馨、宁静的氛围。

三色组搭配：在色轮上选取间隔均匀的三种颜色进行搭配，如红、黄、蓝或橙、绿、紫。这种搭配方式既具有一定的视觉冲击力，又能保持整体的平衡和协调，能创造出丰富而有活力的色彩效果。

（3）视觉效果相关原则

明度对比：通过调整色彩的明度差异来创造层次感和视觉焦点。例如，将明度高的颜色放在重要位置，能够吸引观众的注意力；用明度低的颜色作为背景，可以突出明度高的主体内容，使画面更加清晰、易读。

纯度对比：利用高纯度色彩与低纯度色彩的对比，可以使画面中的元素更加突出。高纯度色彩具有较强的视觉吸引力，可用于强调关键信息；低纯度色彩则能起到衬托和平衡的作用。

平衡与和谐：色彩搭配要在整体上达到平衡与和谐的效果。这意味着各种颜色的分布、面积、明度、纯度等要相互协调，避免出现某个颜色过于突兀或画面过于混乱的情况。可以通过对称、渐变等方式来实现色彩的平衡。

（4）情感表达与象征意义原则

情感表达：不同的色彩组合能够引发不同的情感反应。例如，暖色调（红、橙、黄等）通常能传达出热情、活力、温暖的情感；冷色调（蓝、绿、紫等）则常与冷静、专业、宁静等情感相关联。在设计中，要根据想要表达的情感和设计目的来选择合适的色彩搭配。

象征意义：在不同的文化中，色彩具有不同的象征意义。比如，在中国文化中，红色象征着吉祥、幸福；而在西方文化中，红色有时与危险、警示相关。在进行跨文化设计时，需要充分考虑色彩的文化象征意义，避免产生误解。

2. 情感化设计的基本原则

情感化设计是新媒体界面设计中的重要组成部分，它通过设计元素传达情感，增强用户体验。

（1）以用户为中心原则

深入了解用户：通过用户调研等方式，全面了解用户的需求、期望、价值观、文化背景和生活方式等。比如，在设计一款运动相关的移动应用（APP）时，要了解运动爱好者对于运动数据记录、社交互动、课程推荐等方面的需求和期望。

满足用户情感需求：在了解用户的基础上，将用户的情感需求融入设计中。如设计一款老年人使用的手机时，要考虑到老年人对亲情关怀、操作简单等方面的需求，加入大字体、亲情通话一键拨号等功能。

（2）情感层次原则

本能层次：注重产品的外观、材质等物理层面的设计，给用户带来直接的视觉、触觉等感官刺激，引发其本能的情感反应。例如，一款外观设计简约时尚、材质手感舒适的鼠标，能让用户在看到和触摸时产生愉悦感。

行为层次：关注产品的易用性和交互性，使用户在使用过程中感到便捷、高效和愉悦。以共享单车为例，其简单便捷的开锁流程、舒适的骑行体验等，让用户在使用过程中产生积极的情感。

价值层次：赋予产品更深层次的意义和价值，引发用户的思考和情感共鸣，让用户在使用后能够产生成就感和自豪感。如一些坚持环保理念的产品，会让用户在使用后产生为环保做贡献的自豪感。

（3）故事性原则

构建故事场景：为产品或服务构建一个具有吸引力的故事场景，让用户能够代入其中，产生情感共鸣。例如，一款主打旅行记录的 APP，可以通过展示不同用户的旅行故事和精彩瞬间，构建充满美好回忆和探索精神的故事场景。

传递品牌故事：将品牌的价值观、历史等融入设计中，通过产品向用户传递品牌故事，增强用户对品牌的认同感和情感连接。比如，可口可乐公司通过在包装上印上不同的昵称、举办各种品牌活动等方式，传递“快乐、分享”的品牌理念。

（4）个性化原则

提供个性化体验：根据用户的个人偏好、使用习惯等，为用户提供个性化的产品或服务。比如音乐 APP 根据用户的听歌历史推荐个性化的歌单，让用户感到产品是为自己量身定制的。

允许用户表达自我：给予用户一定的自由度，让他们能够通过产品来表达自己的个性和风格。例如一些社交 APP 允许用户自定义个人主页（图 3-16）、使用个性化的表情包等，满足了用户的自我表达需求。

图 3-16　APP 个人主页

（5）适度性原则

情感表达适度：情感化设计要把握好情感表达的度，避免过度夸张或强行煽情，以免让用户感到不适。例如在广告设计中，情感诉求要与产品特点和品牌形象相契合，不能为了感动用户而过度渲染情感。

功能与情感平衡：在注重情感化设计的同时，不能忽视产品的基本功能，要确保功能与情感化设计的平衡。例如，一款拍照 APP 界面设计得很有情感氛围，但是如果拍照功能不直观、不稳定，也会影响用户体验。

（6）一致性原则

情感风格一致：产品在不同的界面、功能模块及不同的使用场景中，都要保持情感风格的一致性。如图 3-17 所示，一款主打温馨风格的母婴类 APP，从启动页到各个功能界面，都采用柔和的色彩、可爱的图标，营造出了一致的温馨情感氛围。

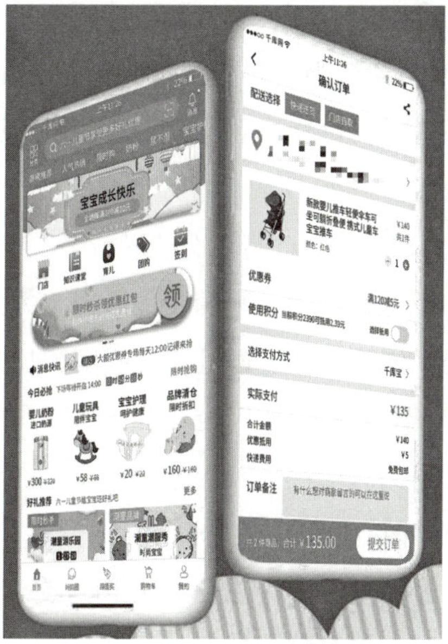

图 3-17　母婴类 APP 界面设计

与品牌形象一致：情感化设计要与品牌的整体形象和定位保持一致，强化品牌在用户心中的情感印象。例如，苹果公司的产品在设计上都体现出简洁、高端、科技感的情感特点，与苹果的品牌形象相契合。

3.2.2　色彩搭配与情感化设计在新媒体界面设计中的应用

在新媒体界面设计中，色彩搭配与情感化设计的应用范围非常广泛，它们在多个方面发挥着重要作用。

1. 塑造品牌形象

在新媒体界面设计中，色彩是塑造品牌形象的关键视觉语言，通过系统化的色彩搭配策略能有效传递品牌价值并加强用户情感连接。色彩具有高度的品牌识别功能，品牌色(如可口可乐的红色、蒂芙尼的蓝色)作为视觉符号的核心，能快速建立用户认知。设计师需要将品牌色贯穿于界面全局，如导航栏、按钮等关键位置，并使用辅助色区分功能模块，同时基于色彩心理学传递品牌情感，例如 Spotify 用红色象征激情、IBM 用蓝色代表专业、星巴克用绿色体现自然。

界面色彩设计需遵循一致性、情感层次匹配和文化适配原则。跨平台的色彩统一能强化品牌印象，如苹果通过银、灰与白色保持设备界面的科技感。情感层次上，色彩需要从本能吸引(高纯度按钮)到行为引导(交互反馈)再到反思共鸣(呼应品牌故事)层层递进。同时，色彩设计要需适配目标市场文化，避免色彩象征冲突，如红色在中国代表吉祥，白色在西方象征纯洁。

在实践中，常采用主色、辅助色、点睛色分别为 70%、25%、5%的比例进行搭配。例如支付宝以蓝色为主色、橙色为辅助色平衡专业性与亲和力；同时，其动态色彩系统通过渐变、悬停反馈增强交互体验；最后，通过优化明度、对比度确保文字可读性。Netflix 使用黑红配色营造沉浸感，Airbnb 使用魔力紫传递归属感，美团使用黄色强化便捷属性，都是优秀的色彩设计案例。

此外，须避免过度用色，保持主色系在 2～4 种，并通过 A/B 测试验证效果。同时，应采用包容性设计，考虑色盲用户需求。通过上述策略，色彩搭配可转化为传递品牌形象的视觉语言，提升用户忠诚度与品牌认知度。

2. 优化用户交互体验

在新媒体界面设计中，色彩对用户交互体验的优化体现在通过科学的色彩策略引导行为、强化反馈机制并提升情感共鸣。首先，色彩能通过视觉层级划分明确操作路径，如将核心功能按钮设计为高纯度对比色(如绿色的“确认”按钮、红色的“删除”按钮)，利用色彩心理学原理形成条件反射式交互认知。其次，动态色彩反馈系统可增强操作即时性，如按钮悬停时的颜色渐变、表单验证的红绿状态提示、加载过程中的色彩流动动画，通过色彩变化建立用户与系统的隐性对话。

此外，场景化色彩适配能提升使用舒适度，如阅读类 APP 采用护眼的暖色调夜间模式，游戏界面根据剧情切换冷暖色增强沉浸感等。值得注意的是，色彩设计须与交互逻辑深度绑定，例如，电商平台通过橙色购物车图标持续吸引视觉焦点，社交软件用蓝色消息气泡强化未读提示，同时兼顾包容性设计（如避免红绿色盲冲突）。通过系统化色彩设计，界面不仅能实现操作引导功能，更能通过情感化表达构建自然流畅的人机交互体验。

3. 优化信息展示

色彩对信息展示的优化体现在通过科学的色彩分配与视觉引导机制，提升信息层级的清晰度和用户获取信息的效率。首先，色彩设计能通过明度、饱和度和对比度差异构建信息层次，如核心内容（标题、关键数据）采用高纯度主色，次要信息（说明文字、背景装饰）使用低饱和度辅助色，形成视觉焦点与陪衬的合理搭配。电商平台界面设计中常将促销价格标红以区别于原价，这正是利用色彩对比强化关键信息的典型案例。

其次，色彩可作为信息分类的视觉标签，通过色相差异区分不同内容模块，如新闻 APP 用红色标识时政新闻、蓝色代表科技板块，用户无需阅读文字即可判断内容类型。然后，动态色彩系统在信息展示中亦发挥着重要作用，如数据可视化图表通过渐变色调表现数值变化趋势，实时更新的交互界面用绿色表示正常状态、红色警示异常状态，实现信息的直观化传递。

最后，色彩能增强复杂信息的可读性，能通过色彩编码（如时间轴上用蓝色代表过去、用橙色表示未来）或区域划分（如地图上用不同色块标注行政区域）降低认知负荷。值得注意的是，色彩优化须遵循“功能优先、美学次之”原则，避免因过度追求视觉效果导致信息混淆，同时应兼顾色盲用户的辨识性（如用形状和颜色双重编码）。通过系统化色彩设计，界面信息得以更高效、直观地传递，助力用户快速理解并做出决策。

4. 强化情感传达

设计师须基于色彩心理学原理，将色相、明度、饱和度等属性转化为情感载体。一般来说，红色传递激情与紧迫感（如促销倒计时），蓝色营造冷静与信任感（如金融类 APP），绿色唤起自然与健康联想[如运动类 APP 界面设计（图 3-18）]。通过本能层次的色彩冲击吸引用户注意后，利用行为层次的交互色彩反馈进一步深化情感连接，例如，按钮悬停时的色彩渐变增强操作确认感，错误提示的红色闪烁触发警觉反应。反思层次的色彩设计则需要关联品牌价值观，如环保品牌通过渐变绿色系传达可持续理念，社交平台用暖色调营造温馨氛围。

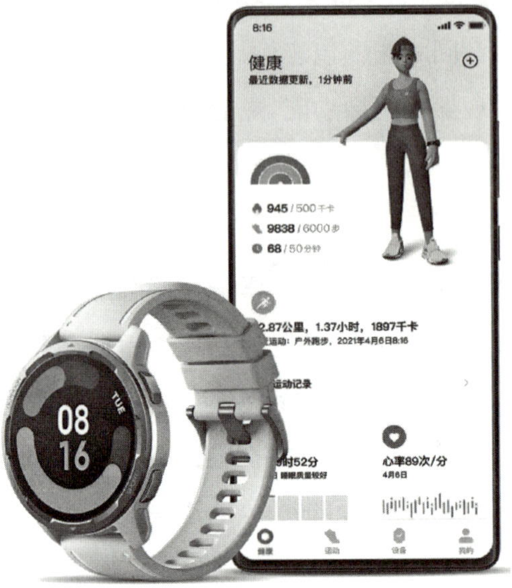

图 3-18　运动类 APP 界面设计

动态色彩系统的引入（如加载动画的流动色彩、主题切换的色调适配）能实时响应用户情绪，如新闻 APP 在报道严肃事件时采用冷色调，报道娱乐内容时切换为明快色彩。值得注意的是，情感化色彩设计须关注文化差异（如紫色在西方象征尊贵，在某些亚洲文化中关联死亡）与用户个性化需求（如阅读类 APP 的夜间模式）。通过系统化色彩策略，界面色彩不仅成为情感共鸣的触发器，更构建起用户与品牌之间的隐性情感纽带，最终提升用户留存率与品牌忠诚度。

3.3 文字设计与排版布局

3.3.1　文字设计与排版布局概述

1. 文字设计的基本原则

文字设计是新媒体界面设计中的重要组成部分，它通过文字的字体、大小、颜色等方面传达信息，增强用户体验。

（1）可读性原则

字体选择：应根据界面风格和内容选择合适的字体。例如，简洁现代的界面适合无衬线字体，如 Arial、Helvetica 等，它们线条简洁，易于阅读；而对于一些需要体现文化底蕴或艺术感的界面，衬线字体如 Times New Roman 可能更合适。同时，应避免使用过于花哨、难以辨认的字体，确保用户能够快速、准确地识别文字内容。

字号搭配：合理设置不同层级文字的字号，形成明显的视觉层次。一般来说，标题字号较大，正文次之，注释或辅助信息的字号更小。比如，标题用 24 px～36 px 的字号，正文用 14 px～16 px 的字号，注释用 12 px 左右的字号，使信息主次分明，便于用户快速获取重点。图 3-19 为字体与字号搭配案例。

图 3-19　字体与字号搭配案例

颜色对比：文字颜色与背景颜色要有足够的对比度，以保证清晰可读。例如，在白色背景上，黑色文字是最常见且易读的；在深色背景上，则可以使用白色或浅灰色文字。同时，要避免使用颜色相近或对比度低的文字与背景组合，如在浅蓝背景上使用深蓝文字，可能会造成阅读困难。

（2）简洁性原则

内容简洁：文字内容应简洁明了，避免冗长复杂的表述。尽量用简短的语句传达核心信息，让用户能够在短时间内理解界面的意图。例如，按钮上的文字通常不超过 5 个字，如“立即购买”“返回首页”等，方便用户快速识别和操作。

排版简洁：避免文字过于密集或堆砌，保持适当的行距和字距。一般来说，行距为文字高度的 1.5 倍～2 倍较为合适，字距根据字体和字号进行微调，使文字看起来舒适、透气。同时，采用清晰的段落划分和适当的留白，增强文字的可读性和整体美感。

（3）一致性原则

字体风格一致：在整个新媒体界面中，应保持字体风格的一致性。例如，标题都使用同一种字体的特定样式，正文也统一使用一种字体，给用户一种统一、专业的视觉感受。

文字格式一致：对于相同类型的文字，其格式应保持一致。比如，所有的小标题都采用相同的字号、颜色和加粗样式，所有的链接文字都使用相同的颜色和下划线样式，使用户能够形成稳定的视觉认知，便于快速识别和区分不同类型的信息。

（4）可访问性原则

适配不同设备：考虑到用户可能会在各种不同尺寸的设备上访问新媒体界面，文字设计要确保在不同屏幕上都能清晰显示和正常阅读。这就要求设计师采用响应式设计，根据设备屏幕大小自动调整文字的字号、行距等参数，或者提供不同的布局方案，以适应手机、平板、电脑等不同设备。

满足特殊需求：要考虑到部分用户可能存在视力障碍等特殊情况，提供相应的辅助功能，如文字放大、语音朗读等。同时，在颜色选择和对比度设置上，要符合无障碍设计标准，确保所有用户都能顺利获取文字信息。图 3-20 为支付宝的长辈模式。

（5）表意准确性原则

用词精准：文字表达的内容要准确无误，避免产生歧义误导用户。例如，在功能介绍、操作说明等文字中，要使用准确、规范的术语和词汇，让用户能够清楚地知道该如何操作或界面的功能是什么。

符合逻辑：文字的组织和排列要符合逻辑顺序，如按照重要性、时间顺序、操作流程等进行排列。例如，在步骤引导中，要按照正确的操作顺序依次呈现文字说明，使用户能够轻松理解并按照步骤进行操作。

图 3-20　支付宝的长辈模式

2. 排版布局的基本原则

排版布局是新媒体界面设计中的重要组成部分，它通过文字、图形、图标等元素的排列和组合传达信息，增强用户体验。下面为排版布局的基本原则。

（1）对齐原则

界面中的元素应遵循一定的对齐方式，如左对齐、右对齐、居中对齐等。左对齐是最常见的文本对齐方式，符合人们从左到右的阅读习惯，可以使内容看起来整齐、易读；导航栏等元素常采用居中对齐，能营造出平衡、稳定的视觉效果，吸引用户注意力；而一些辅助信息或图标多采用右对齐，以与主要内容区分开，同时保证界面的整体协调性。

多个元素之间也应保持相互对齐，形成整齐的视觉线条，避免出现参差不齐的情况，使界面显得杂乱无章。

（2）分组原则

相关的元素应该进行分组，形成一个逻辑单元，使用户能够快速识别哪些元素是相关联的，便于理解和操作。例如，在购物车界面中，商品信息、数量选择、价格等相关元素可以放在一个组内，与结算按钮等其他功能区分开来。

可以通过间距、边框、背景色等方式来区分不同的组，如在不同组之间增加较大的间距，或者为每个组设置不同的背景颜色，使分组更加清晰明了。

（3）平衡原则

排版布局要在视觉上保持平衡，避免出现一边过重或一边过轻的情况。可以通过合理分布元素的位置、大小和数量来实现平衡，如在界面的左侧放置了重要的内容或较大的元素时，在右侧可以用一些较小的图标或辅助信息来平衡视觉重量。

平衡分为对称平衡和不对称平衡。对称平衡是将元素以中轴线为轴对称分布，给人一种稳定、庄重的感觉；不对称平衡则是通过不同元素的组合和分布来达到一种视觉上的总体平衡，更具灵活性和动态感。

（4）对比原则

通过对比可以突出重要信息，吸引用户的注意力，使界面更具层次感和视觉冲击力。可以使用多种对比方法突出重要信息，如颜色对比通过使用鲜明的对比色来突出关键按钮或重要内容；大小对比可以将标题等元素设置得较大，正文等元素设置得较小，以区分信息层级。

还可以通过字体粗细、风格等的对比来增强视觉效果，如用粗体字显示重要的提示信息，用常规字体显示普通内容。

（5）留白原则

留白并不是指空白无物，而是指合理地留出空白空间，让界面有呼吸感，避免元素过于拥挤。适当的留白可以提高界面的可读性和易用性，使用户的注意力更加集中在重要元素上。

例如，在文字段落之间、按钮周围等地方留出一定的空白，能使元素之间的关系更加清晰，减少视觉干扰，提升用户体验。

（6）视觉层次原则

根据信息的重要性和关联性，创建清晰的视觉层次，引导用户按照设计意图进行浏览和操作。一般来说，重要的信息应该放在突出的位置，使用较大的字号、醒目的颜色或独特的图标来吸引用户的注意力。

在实践中，可以通过将信息分为不同的层级，如标题、副标题、正文、注释等，采用不同的字体大小、颜色和样式来区分，使用户能够快速了解界面的内容结构，找到自己需要的信息。

（7）一致性原则

排版布局的风格和方式应在整个新媒体界面中保持一致，包括字体的选择、颜色的搭配、按钮的样式、图标风格等方面。一致的排版布局可以使用户在使用过程中形成熟悉感和信任感，降低学习成本，提高用户体验的连贯性和稳定性。

例如，所有界面的导航栏都采用相同的位置、样式和操作方式，所有的按钮都具有相似的形状、大小和交互效果等。

3.3.2　文字设计与排版布局的应用

在新媒体界面设计中，文字设计与排版布局扮演着至关重要的角色，它们在多个方面得到了广泛的应用和体现。

1. 信息展示

文字设计和排版布局在信息展示方面具有显著的作用。通过巧妙地排列和组合文字与各种视觉元素，设计师能够有效地传达信息，使内容更加清晰易懂。这种设计不仅能够吸引用户的注意力，还能提升用户的阅读体验，使信息传递更加高效和生动。

2. 用户交互

在用户交互设计中，文字设计和排版布局同样发挥着关键作用。精心设计的文字和元素排列组合，可以引导用户进行各种操作，如点击、滑动等，从而提升用户的参与度和满意度。良好的交互设计不仅能够提升用户体验，还能提高用户对产品的忠诚度和使用频率。

3. 品牌形象

文字设计和排版布局在品牌形象设计中具有不可忽视的重要性。通过独特的文字风格和排版布局，设计师能够有效地提升品牌的识别度。这种设计不仅能够使品牌在众多竞争者中脱颖而出，还能在用户心中留下深刻的印象，从而增强品牌的市场竞争力。

4. 情感传达

文字设计和排版布局在情感传达方面也具有独特的优势。通过精心设计的文字和元素排列组合，设计师能够有效地传达特定的情感和信息，如温馨、专业、活泼等。这种设计不仅能够引起用户的共鸣，还能加深用户对品牌的情感认同，从而提升用户的忠诚度和满意度。

3.4 动态效果与交互动画设计

3.4.1 动态效果与交互动画设计的基本原则

1. 动态效果设计的基本原则

动态效果是新媒体界面设计中的重要组成部分，它通过元素的动态变化传达信息，增强用户体验。动态效果设计的基本原则包括以下几条。

简洁性：动态效果应简洁明了，避免过多的细节和复杂的动画，以确保用户能够快速理解其含义。

一致性：动态效果应保持一致性，包括风格、速度、方向等方面，以确保用户在不同界面中能够轻松识别和理解。

可读性：动态效果应具有良好的可读性，以确保用户能够清晰地看到和理解动态效果所传达的信息。

美观性：动态效果应具有美观性，从而吸引用户的注意力，提升用户体验。

2. 交互动画设计的基本原则

交互动画设计是新媒体界面设计中的重要组成部分，它通过动画的交互传达信息，增强用户体验。交互动画设计的基本原则包括以下内容。

以用户为中心：交互动画应以用户为中心，关注用户的需求和情感，通过动画的交互传达信息，提升用户体验。

一致性：交互动画应保持一致性，包括风格、速度、方向等方面，以确保用户在不同界面中能够轻松识别和理解。

可读性：交互动画应具有良好的可读性，以确保用户能够清晰地看到和理解动画所传达的信息。

美观性：交互动画应具有美观性，从而吸引用户的注意力，提升用户体验。

3.4.2　动态效果与交互动画设计的应用

在新媒体界面设计中，动态效果与交互动画设计通过增强用户反馈、引导操作路径和提升沉浸感，成为优化体验的核心手段。动态效果通过行为引导（如按钮点击后的缩放反馈）明确操作结果，减少认知负荷；通过状态可视化（如加载进度条颜色渐变）实时传递功能状态；通过动态演示（如产品流程动画）强化叙事逻辑；并通过趣味性设计（如节日交互彩蛋）引发情感共鸣。在应用场景上，加载反馈动态效果或交互动画可缓解用户等待焦虑，页面切换动态效果或交互动画可保持操作连贯性，数据可视化动态效果或交互动画可展示信息趋势，引导动态效果或交互动画可提示突出关键区域。设计须遵循流畅自然（高帧率）、轻量化（避免复杂 3D 动效）、风格统一（如统一使用线性动画）及用户可控性原则。技术实现使用 CSS3、JavaScript 库或原生动画框架，同时须避免过度设计干扰信息，适配不同性能的终端设备，并确保动态不影响核心功能。如抖音下拉刷新的“抖动”给用户带来趣味性、Spotify 卡片翻转带来的沉浸感、Dribbble 卡片悬停实现探索引导等典型案例，均体现动态设计从功能到情感连接的双重价值，使界面升华为具有生命力的交互媒介。

动态效果与交互动画设计在新媒体界面设计中的应用包括以下几点。

用户交互：动态效果和交互动画设计可以用于用户交互设计，通过动态效果与交互动画引导用户进行操作，提升用户体验。

信息展示：动态效果和交互动画设计可以用于信息展示，通过动态效果与交互动画传达信息，增强用户体验。

品牌形象：动态效果和交互动画设计可以用于品牌形象设计，通过独特的动态效果与交互动画提升品牌识别度。

情感传达：动态效果和交互动画设计可以用于情感传达，通过动态效果与交互动画传达特定的情感。

课后思考

色彩、字体、图标和图片等设计元素在新媒体界面中的作用是什么？假设需要设计一个电商网站首页，请你描述如何运用这些元素来传达品牌信息、吸引用户注意，以及应该如何确保信息的清晰传达。

第 4 章 布局与导航设计

4.1 页面布局与信息架构设计

4.1.1 页面布局

页面布局大致可分为网页页面布局、电脑软件页面布局、手机应用页面布局三类，其中网页和电脑软件的页面布局有较大相似性，不作区分。电脑软件的页面布局依功能而决定，一般较为复杂。因为实践中的情况多种多样，页面布局的方式较多，下面先介绍页面布局的基本定义与基本原则，再介绍比较常用和普遍的布局方式。

一般来说，页面布局是指在设计页面的过程将页面各要素通过合理、有效、统一的规则进行排版，以产生很好的传播信息的视觉效果。正常情况下都会基于以下原则进行页面布局设计。

对比：应用对比原则防止页面元素过于单一或没有差异性。空间、大小、形状、字体、线条、颜色等设计元素都可以进行对比，从而让页面引人注目。

重复：可重复使用颜色、形状、线宽、字体、大小和图片等元素。这样既能够增加条理性，也可保证页面的统一性。

对齐：在页面上，不同元素不能孤立存在，而应当构建特殊的视觉关联效果，从外观上给予用户更为清爽、精巧和情绪化的体验。

亲密性：页面上的元素不应当孤立存在，彼此之间应存在亲密性，形成一个视觉单元。这样可有助于信息的架构，减少信息组织的混乱。

常见的页面布局的方式有以下几种。

（1）“国”字型布局

“国”字型布局也可以称为“同”字型布局，是一些大型网站喜欢的布局方式。页面最上方是网站的标题或横幅广告条，接下来就是网站的主体部分，页面左右分列为辅助内容，页面正中间为主要内容，与左右分列一起列到底，此外，页面最下方会列出网站的一些基本信息、联系方式、版权声明等。这种结构是我们在网上见到的最多的一种页面布局方式。

口字型、回字型的页面布局方式也可归属于此类。这类布局的优点是充分利用版面、信息量大，缺点是页面拥挤、不够灵活，常用于门户网站的设计，如图 4-1 所示。

图 4-1　“国”字型布局

（2）匡型布局或 T 型布局

在匡型布局中，常见的有上方为标题与导航、左侧展示图片和上方为标题及广告、右侧为导航链接这两种，如图 4-2 所示。T 型布局就是指页面顶部为横条网站标志与广告条或搜索框，下方左侧为主菜单、中间显示内容、右侧为辅助菜单的布局，因为页面的整体效果类似英文字母 T，所以称之为 T 型布局，如图 4-3 所示。这种布局的优点是页面结构清晰、主次分明，初学者很容易上手；缺点是规矩呆板，如果在色彩细节上不注意，则很容易让人感觉枯燥无味。

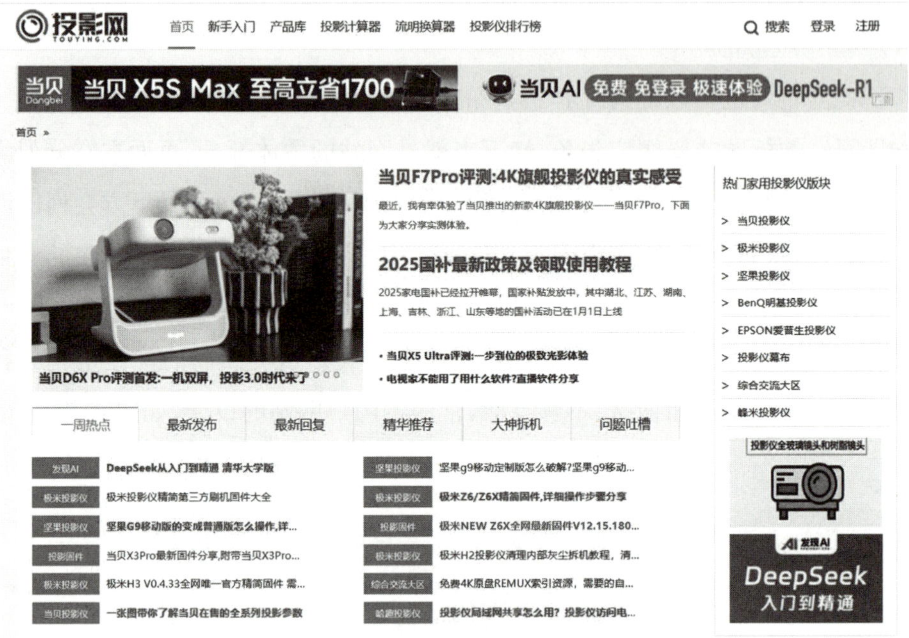

图 4-2　匡型布局

图 4-3　T 型布局

(3) 三栏布局

三栏布局就是把网页分为左中右三个部分，一般左右是固定的侧边栏，中间是自适应的主内容区。这种布局适用于需要提供大量辅助信息的网站，如新闻门户、购物网站、读书网站等，图 4-4 的起点中文网就用到了三栏布局。

图 4-4　三栏布局

(4) F 型布局

这种布局模仿了人们浏览网页时的视觉轨迹——先看顶部和左上角，然后沿着左边缘顺势直下，这种布局很像一个大写的英文字母 F。在网页上应用这种布局时，把重要的信息(品牌 logo、导航、召唤按钮控件)放在网页上方和左侧，一些对用户无关紧要的信息放置在网页右侧。这种布局符合用户的浏览习惯和阅读习惯，适合大部分网站，如图 4-5 所示。

(5) 分屏布局

分屏布局指将屏幕划分为两个或多个、垂直或水平的区域，使得用户可以同时关注到多个视觉元素，如图 4-6 所示。这种布局可以让网页信息的呈现更有条理，也非常适合展示两种相互关联或对比的产品、服务或选项，为用户提供清晰的选择路径。

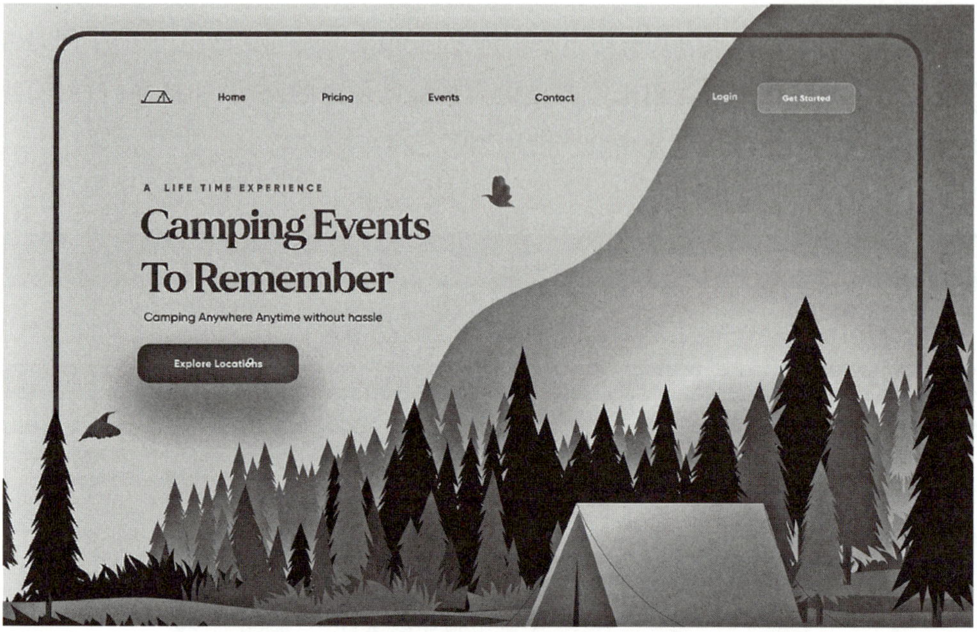

图 4-5　F 型布局

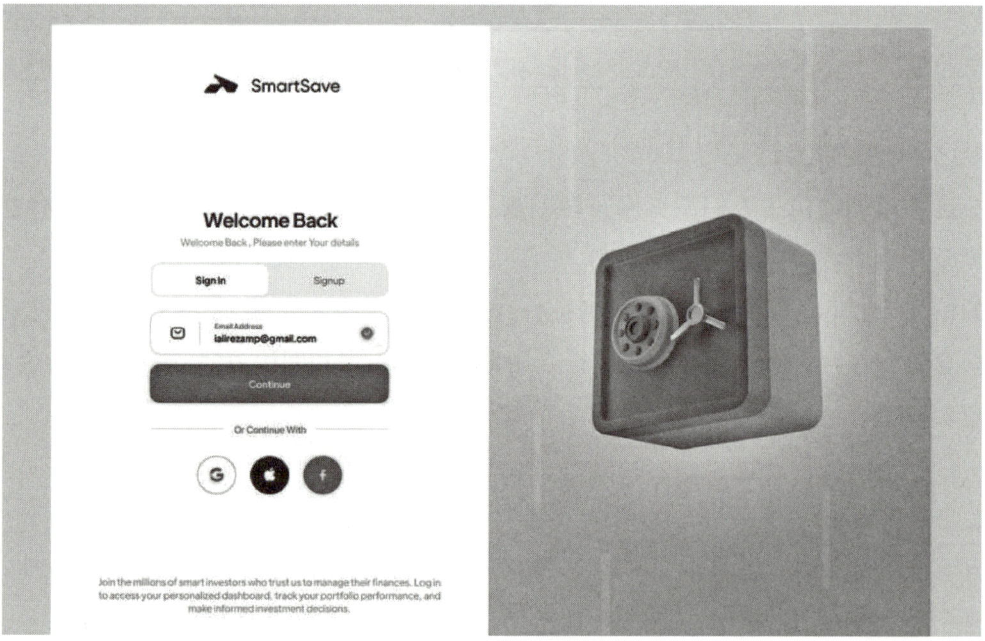

图 4-6　分屏布局

（6）单页布局

在单页布局中，所有内容都在一个长页面中垂直排列，导航依靠滚动鼠标完成，这种布局简洁、设计感强，非常适合那些希望提供直观、线性故事讲述的网站，如图 4-7 所示。

图 4-7　单页布局

（7）全屏图像布局

全屏图像布局是指将超大背景图片放在整个屏幕上，如图 4-8 所示。与传统平铺背景图片相比，这种布局具有强烈的视觉冲击力，特别适合想强调视觉影响力的网站，如摄影、旅游、艺术品展示网站等。它能确保突出关键信息，让用户沉浸式浏览网站。

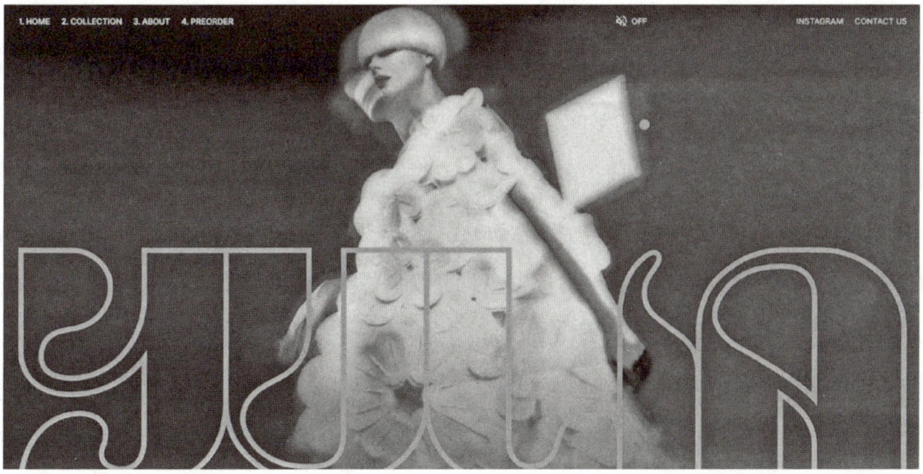

图 4-8　全屏图像布局

(8)卡片布局

顾名思义,卡片布局将网页信息分布在类似卡片的容器中,每张卡片代表一个单独的信息块,这些信息块包含图片、文本和链接等元素。卡片布局有利于组织杂乱的内容,让内容更易于浏览和互动。这种布局广泛应用于社交媒体平台、新闻聚合网站和电子商务网站,如设计师常用的 Pinterest 网站就使用了卡片布局,如图 4-9 所示。

图 4-9　卡片布局

4.1.2　信息架构设计

信息架构指的是手机应用或网站当中全部信息的组成结构。经过认真梳理的信息架构可以使产品更加易于理解和使用。信息架构的设计有些类似于作家在动笔之前会先拟出故事的大纲,或者建筑师以精准的蓝图作为一切工作的基础。

本质上讲,任何数字化产品,包括手机应用和网站等,都是信息的集合。信息架构设计通常需要解决两方面的问题,一是怎样使信息更易被浏览与理解,二是如何确保扩展性,使产品在未来能够承载更为复杂的信息与功能。

拥有良好信息架构的产品在结构上非常坚固,这与建造建筑的道理是相同的——从地基和支柱入手,基础便会稳固;基于稳固的基础一步步扩大建筑规模,一切都将有条不紊地进行。

1. 信息架构设计的前期工作

(1) 寻找产品的共性(基于用户习惯)和差异(机会点)

首先和用户研究团队了解用户和用户场景(如何使用产品),提取用户的习惯。设计信息架构时,一方面须尊重用户的习惯,不要在不必要的地方体现差别;另一方面应思考用户用产品做什么事,用户用这类产品最关心的是什么,用户有哪些思维定式,用户用过什么类似的产品等问题。

举例来说,图片社交类产品存在一些共性。发布自己喜欢的图片、关注朋友的动态并结交朋友是用户想要做的事和最关心的事,所以用户在刚进入 APP 时都会首先使用关注这一模块。这类产品底部导航中间都会设置发布按钮,虽然按钮样式不同,但都起到了强化发布的作用。此外,由于用户的思维定式(用户觉得应该有什么),这类产品都有消息和个人中心的存在。

(2) 输出竞品信息架构树状图和用户信息架构树状图(用户心智模型)

调研竞品的信息架构是产品设计中非常重要的部分,有利于交互设计师了解现在所面临的市场情况和面对的目标用户的想法等。设计信息架构前,可以找 3～5 个同类竞品,分析并用思维导图(Mind map)整理他们的信息架构,制作思维导图的工具有很多,如 Mindmanager、X-Mind、Mindline 等,图 4-10 为拼多多的信息架构树状图。

树状图是展现信息架构的最佳形式。拼多多的信息架构由首页、推荐、搜索、聊天和个人中心组成,在每一模块下又可细分出其他的元素,这样的层层展开是体现信息架构最好的方式。

得到 3～5 个竞品的信息架构树状图后,须分析它们的共性和差异。找到竞品在哪些地方存在共同点,这些共同点就是交互设计师需要遵循的用户习惯,因为竞品可能使用户形成了习惯。如所有的通信软件都有消息和联系人,并放在重要的位置,因为发消息、寻找联系人是用户使用这类产品时最关注的功能。

然后,找到竞品哪些地方存在差异,这些差异就是机会点,也就是创新点,如不同社交产品的发现页差异非常大,因此,新产品的发现页可以突出不一样的元素或做不一样的组织架构,发挥自己的创意。

了解竞品后,可用卡片分类法进一步了解用户的心智模型,即让用户对功能卡片进行分类、组织,并给相应功能的集合重新定义名称的一种自下而上的信息架构整理方法。简言之,根据用户对功能卡片的归类,站在用户的角度,理解用户是如何认定这些功能的。

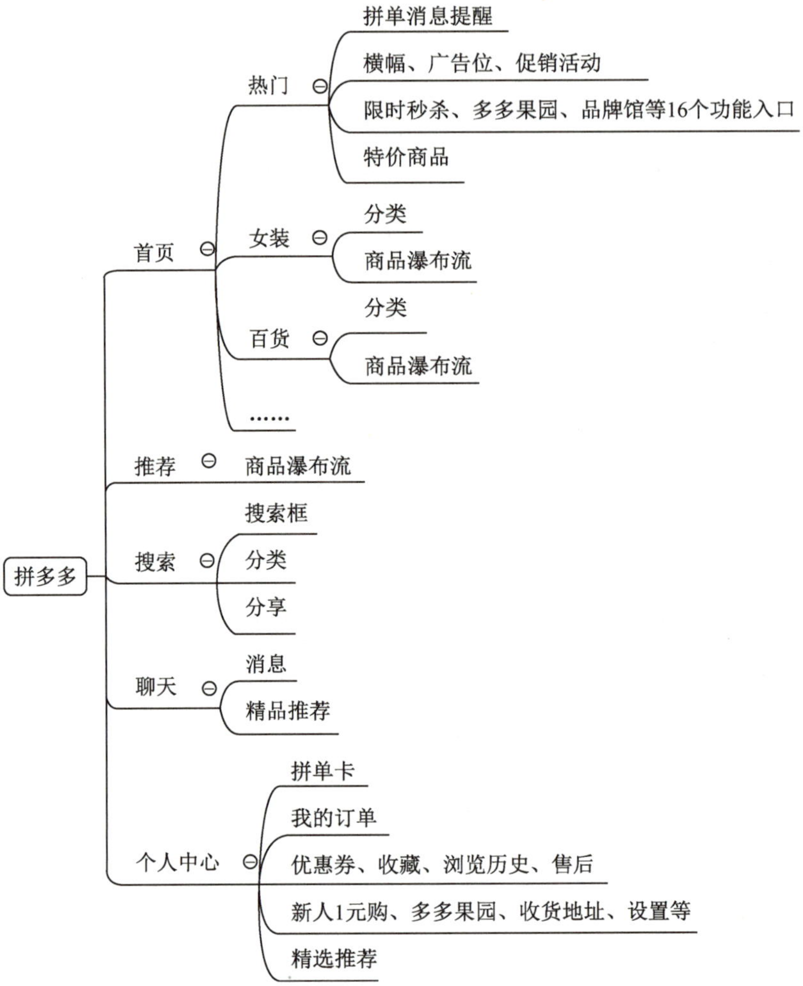

图 4-10　拼多多信息架构树状图

2. 产出产品信息架构设计

利用 Mind map 整合前期调研信息和结果，对功能进行重要性分级，再将整合的信息输入 Axure 站点地图中，考虑信息架构和交互构图的关系。

也就是说，此时应输出自己产品的树状图(层与度的平衡)、重要性分级和 Axure 站点地图。

在了解用户习惯、竞品信息架构和用户心智模型的基础上，根据共性和差异，进行信息组织和功能整合，用 Mind map 产出自己的信息架构树状图，要注意寻找层和度的平衡。(图 4-11)

层是指信息架构树的深度(刚进入产品到找到一个功能需要经过几个页面),一般不超过 5 个层级,否则会使用用户操作困难;度是指某一节点的子节点数量(一级导航下功能数),如果某一节点(页面)有过多的内容,会使用户认知成本增加,找不到想找的内容。

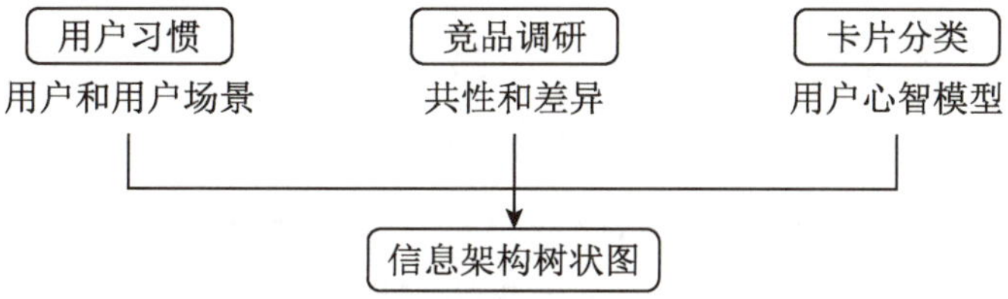

图 4-11　产品信息架构设计的一般过程

整合完大量信息和功能后,还要对信息架构做重要性分级,跟团队讨论哪些功能是重要的、哪些是次要的,通过数字对每一层级功能的重要性进行分级。在落地到页面设计时,应该明确哪些功能要突出设计,哪些功能可以次要设计。举例来说,微博首页(第一层级)的信息和功能非常多,有搜索、侧边栏(热门、特别关注、好友圈等不同类别的微博内容)、发布内容、广告、个人信息、明星势力榜等,但这些内容的层次和突出程度不一样,有些部分非常大,如关注的人所发布的微博和内容的发布框,而有些内容相对次要,被放在次要的地方,如个人信息和明星势力榜。虽然这些内容放置在同一层级,但它们的重要性是不一样的。所以,在设计信息架构时,应对每一层级的功能重要性进行分级。

总之,信息架构设计的关键是对产品骨架的思考,在尊重用户习惯的前提下,寻找产品的创新点。构建信息架构树状图时应注意层与度的平衡,区分重要性。

4.2 页面布局的用户需求分析

页面布局与用户需求分析的结合是确保设计有效性的核心。通过精准的需求分析,设计师能够创建符合用户行为习惯、满足目标场景的布局方案。在新媒体界面设计中,页面布局扮演着至关重要的角色,它直接影响用户的使用体验和效率。因此,对用户页面布局需求的深入分析成为设计过程中的关键步骤。

用户的基本操作需求集中在信息的快速获取和准确查找上。为了满足这一需求，页面布局应具备清晰的信息架构，确保信息按照逻辑关系和重要性有序排列。同时，简洁明了的操作流程和直观的信息呈现方式也是必不可少的，这有助于减少用户的认知负荷，提高操作效率。

除了基本操作需求，用户还希望页面布局能够满足其个性化需求。随着新媒体的快速发展，用户的个性化需求日益明显。因此，设计师需要关注用户的偏好和行为模式，通过数据分析等手段，为不同用户提供定制化的页面布局和交互方式。例如，新闻类应用可以根据用户的阅读历史和兴趣自动调整布局、推荐相关新闻；购物网站则可以根据用户的购买记录和喜好动态推荐个性化的商品。

此外，用户对页面布局的视觉吸引力也有较高要求。一个美观、和谐的页面布局能够吸引用户的注意力，提升用户的满意度和忠诚度。设计师在运用色彩、形状、动画等视觉元素时，应注重与品牌形象保持一致，同时考虑可读性和美观性的平衡。合理的视觉层次和布局设计，还可以引导用户的视线流动，提高信息传达的效率和准确性。

在实际设计过程中，设计师可以通过案例分析和用户测试等手段来验证和优化页面布局。例如，可以选择一款成功的新闻类应用作为案例，分析其页面布局的特点和优势。同时，还可以通过用户测试收集用户的反馈意见，对界面设计进行评估和优化。在工作中，设计师应重点关注用户的行为习惯和偏好特点，为设计改进提供依据。

以某新闻类应用为例，其页面布局设计充分考虑了用户的需求和偏好。在内容呈现方面，该应用采用了清晰的分类和标签设计，使用户能够快速定位到自己感兴趣的新闻类别。在交互设计方面，该应用提供了便捷的滑动操作和明确的加载动画，提升了用户的操作体验和满意度。此外，该应用和谐的色彩搭配和清晰的布局也为用户带来了愉悦的视觉体验。

页面布局的用户需求分析是新媒体界面设计中的重要环节。设计师需要深入了解用户的基本操作需求、个性化需求及视觉吸引力需求，并结合实际案例和用户测试进行验证和优化。通过不断创新和优化页面布局设计，可以为用户提供更加便捷、舒适和愉悦的使用体验。

4.3 导航系统设计与用户路径规划

4.3.1　导航系统设计

导航系统，是以帮助用户查找目标功能和内容为目的的界面元素的集合。这些元素包含导航的跳转路径、导航组件、导航上的信息等，单个导航组件是无法成为系统并完成导航任务的。

如图 4-12 所示，当界面上的导航组件被单独拿出来时，我们无法理解这些组件之间是否存在联系，但当它们被放到页面对应位置上时，我们就能看出这是在哪一个页面，以及页面中包含哪些子模块。所以，这些导航组件共同组成了一个局部导航系统，完成了该模块的导航任务。

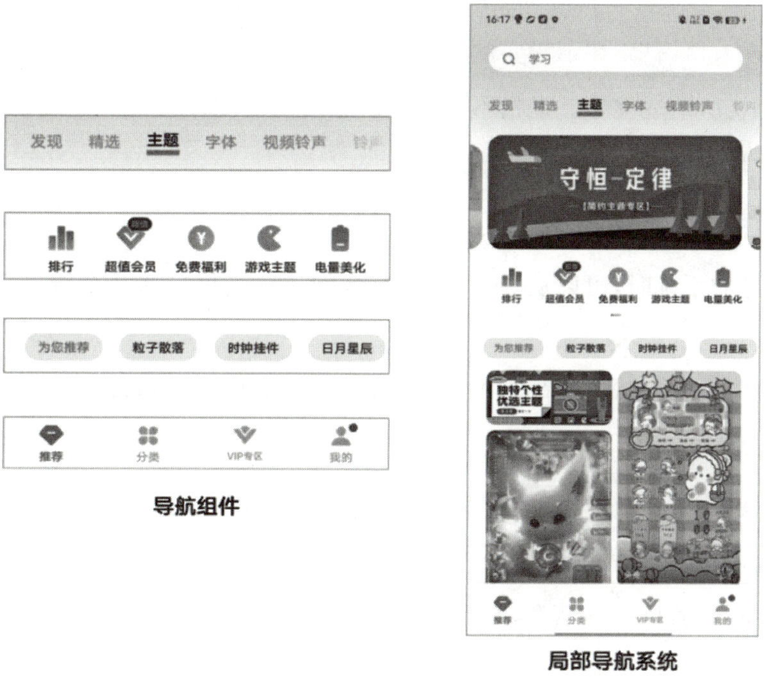

图 4-12　导航组件与局部导航系统案例

1. 导航系统的分类

一个产品可以具备多个子导航系统，来共同完成引导用户的任务，各个子导航系统在产品中承担不同的作用。导航系统一般分为以下几类。

全局导航：一般指在网站的每一页都会显示的全域导航系统，它覆盖整个产品的通路，通常以每个页面底部或顶端导航栏的形式来实现。它不一定包含全局信息，但是一定可以让用户无论在哪个层级都可以快速去到其目标的关键节点。

局部导航：提供用户在产品的某个模块中到"附近地点"的通路。在一个结构严谨的导航系统中，局部导航可能只能提供一个页面父级、兄弟级和子级的通路。

辅助导航：跨越网站的各个层级，使用户可以在不同层级的页面间跳转。提供了前往全局导航或局部导航不能快速到达的相关内容的快捷途径。这种导航非常方便"中途折返"型的用户。

内联导航：嵌入自身内容中的导航。有些跳转关系不适合放在全局或局部导航结构分类中，这时就需要建立指向特定网页、文件或对象的内联导航链接。合理地使用内联导航能够增加导航的灵活性。

友好导航：所谓友好导航是指可以为用户提供一个便利的前进途径，在需要的时候能够及时出现入口信息、在不需要的时候呈隐藏状态（或比较不显眼）的导航。

远程导航：所谓远程导航是指不包含在产品结构中，以独立的方式存在于产品内的导航，通常表现为网站地图、索引表等形式。

2. 导航系统设计的基本内容

在设计导航系统时，可以从导航的架构、框架、组件、信息这几个维度进行设计（图4-13）。

导航架构：确定导航通往的方向，让信息间的关系符合用户认知、页面跳转路径长短合理。

导航框架：确定导航具体放在什么位置，在界面寻找合适的位置放置导航。

导航组件：挑选合适的、符合用户习惯的组件来承载导航功能。

导航信息：设置好指示信息，友好地告诉用户他在哪里，可以去哪里，怎么去想去的位置。

导航系统设计是交互设计的骨架，应以用户心智模型为核心，平衡功能性与简洁

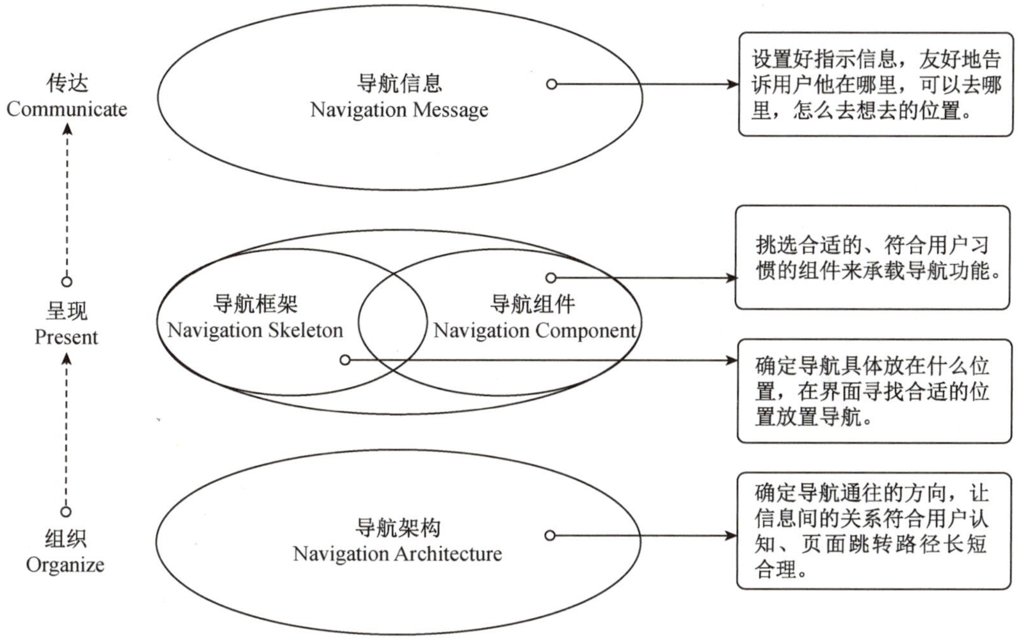

图 4-13　导航系统设计的基本内容

性。设计师应通过用户研究明确需求，利用信息架构工具(如流程图、线框图等)规划路径，并通过原型测试持续验证优化。最终目标是让用户“无须思考，自然到达”。

优秀的导航系统设计，能够合理、完美地传达产品的功能，快速引导用户上手使用，而又不会干扰和困扰用户的选择。在实际的设计中，要根据产品的功能特性搭建不同的子导航系统。同时，产品的迭代发展和变化，也会导致导航系统的设计产生变化，需要依据用户属性和使用场景进行灵活调整。

4.3.2　用户路径规划

用户路径规划是围绕用户目标构建的操作流程框架，旨在通过合理的步骤设计，引导用户高效完成任务，同时减少用户的迷失感和挫败感。

围绕着服务对象的完整服务过程，在传统营销领域被称为“客户生命周期”，而对于针对数字用户的互联网企业来说，这一过程被命名为“用户生命周期”。

简单来说，从用户第一次使用产品到最后一次打开后弃置产品的过程，被称为用户生命周期。用户运营的目标就是尽一切可能延长用户生命周期，并且在生命周期中尽可能地产生更多商业价值。用户路径规划就是在产品开发或优化时，针对用户生命周期进行的精心设计，它可以减少用户流失、延长用户生命周期、提升产品转化率。

用户路径规划的一般流程如下。

(1) 明确用户目标

通过用户调研，如问卷调查、用户访谈、焦点小组等方式，了解用户使用产品的目的，比如社交软件用户可能有聊天、分享动态、添加好友等使用目的。

(2) 分析用户行为

借助数据分析工具，研究用户在现有产品或类似产品中的行为数据，包括点击流数据、停留时间、操作顺序等，掌握用户行为习惯和偏好。

(3) 绘制用户路径草图

以用户目标为导向，结合行为分析结果，用思维导图或流程图工具绘制初步的用户路径草图，展示用户从进入产品到完成目标的各个步骤和可能路径，如图 4-14 所示。

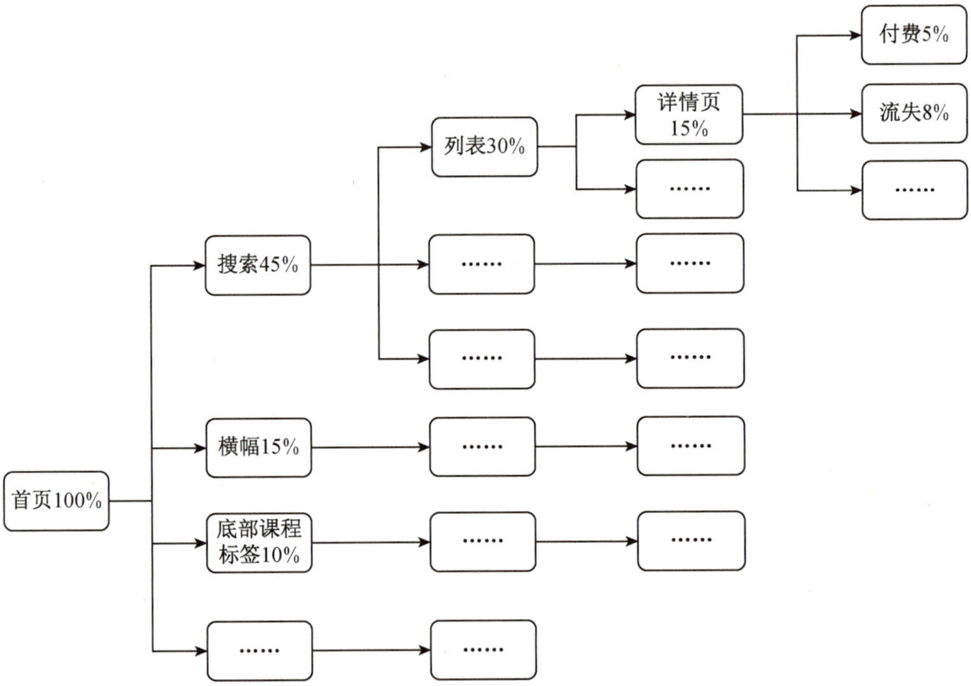

图 4-14　产品用户路径规划草图

(4) 优化与评估

邀请用户进行可用性测试，收集反馈意见，检查路径是否存在歧义、烦琐或不合理之处，根据反馈优化用户路径。

(5) 整合与细化

将优化后的用户路径整合到产品整体设计中，与页面布局、交互元素等设计细节相结合，确保路径在实际产品中可行且流畅。

总的来说，用户路径规划是指通过合理的页面导航设计，引导用户按照预定的路径进行浏览，从而提高用户的转化率。在网站设计中，用户路径规划可以通过设置按钮、链接、推荐内容等方式来实现。一个精心设计的用户路径规划能够有效地引导用户完成目标，从而提升网站转化率，为企业带来更多商机。

4.4 层级结构与一致性设计原则

4.4.1 层级结构

层级结构是一种组织和呈现信息与功能的重要方式，良好的层级结构有助于用户更高效地理解和使用产品。总体来说，界面中的层级结构一般分为三类。

1. 信息层级

战略层信息：最顶层的信息，主要涉及产品的目标、用户需求和定位等宏观层面的内容。例如，一个音乐播放软件的战略层信息可能是为音乐爱好者提供便捷的音乐播放和发现平台，满足用户随时随地听音乐、探索新音乐的需求。

范围层信息：明确产品具体包含的功能和内容范围。如音乐播放软件的范围层信息通常包括歌曲播放、搜索、创建歌单、歌词显示等具体功能，以及涵盖的音乐类型、版权内容等。

结构层信息：主要是对信息和功能进行组织和分类，确定它们之间的逻辑关系。比如，音乐播放软件可将歌曲按歌手、专辑、风格等分类，形成不同的信息结构，方便用户查找和管理。

框架层信息：主要是信息的呈现方式和交互元素的布局，如界面上的按钮、菜单、搜索框等的位置和排列。在音乐播放软件中，播放控制按钮通常放在界面底部，方便用户随时操作，而歌曲列表则根据不同界面展示在不同的区域。

表现层信息：处于最底层，是关于视觉设计等方面的信息，如颜色、字体、图标等。以音乐播放软件为例，它可能会采用与音乐风格相契合的配色方案，使用简洁易懂的图标来代表不同功能，提升用户的视觉体验。

2. 功能层级

核心功能：是产品存在的核心价值和主要用途，是用户使用产品的最主要目的。如社交软件的核心功能是聊天、分享动态，电商平台的核心功能是购买商品。

重要辅助功能：对核心功能起到支持和补充作用，能提升用户使用核心功能的体验和效率。例如，电商平台中的商品搜索、筛选、推荐功能可帮助用户更快找到所需商品，属于重要辅助功能。

次要功能：相对核心功能和重要辅助功能，使用频率较低，但能满足用户一些特定场景或个性化需求。如社交软件中的换肤功能、设置消息免打扰功能等，用户可根据个人喜好和使用习惯进行设置。

边缘功能：通常是一些不太常用或针对特定用户群体的功能，对产品整体功能体系起到完善和丰富的作用。如某些专业软件中的高级设置选项，只有专业用户或有特殊需求的用户才会使用。

3. 视觉层级

第一视觉层级：用户打开界面后首先关注到的区域和元素，通常是最重要的、最需要用户关注的信息或操作按钮。如在许多 APP 的欢迎页，大尺寸的品牌 logo 和醒目的“开始使用”按钮会处于第一视觉层级。

第二视觉层级：在第一视觉层级之后，用户视线自然转移到的区域，一般用于展示次重要的信息或功能。如在 APP 主界面中，主要功能模块的图标和名称通常处于第二视觉层级，以引导用户进行下一步操作。

第三视觉层级：包含的是一些补充性、辅助性的信息和元素，起到完善界面内容、提供更多细节的作用。如界面中的版权信息、小图标、提示文字等通常属于第三视觉层级。

通过合理构建层级结构，交互设计能够更好地组织信息和功能，引导用户的操作和注意力，提升用户体验，使产品更易用、高效。

4.4.2　一致性设计原则

一致性原则原用于企业领域，也称一贯性原则，它要求企业采用的会计处理方法前后各期保持一致，而不得随意变更。如确有必要变更，须将变更原因及其对财务状况和经营成果的影响，在财务报告中加以说明。

后来，一致性原则的概念延伸到设计领域，指相同的功能在应用的不同界面应该表现一致，相似的功能在不同的界面中应该表现相似。

遵循一致性原则的目的是减少用户的认知负荷，让用户能够轻易上手使用产品，因为他们接触的是熟悉的导航路径和设计模式；同时这也减少用户在使用过程中产生的困惑，提高用户使用产品的愉悦感和流畅感。在进行设计时，我们应假设用户是忙碌的，是没有耐心的，他们不愿意花更多时间来学习使用产品。

那么，一致性原则在设计中如何体现呢？一致性原则在设计中通常通过视觉一致性、感知一致性和行为一致性这三个方面来体现。

1. 视觉一致性

(1) 颜色一致性（主色调、辅助色、点缀色、字体颜色）

颜色一致性是指在同一个产品中，主色调、辅助色、点缀色、字体颜色、警告色等颜色保持一致，不会在不同的页面上表现不一致。例如，支付宝的主色调是蓝色，那么它的产品图标、产品的颜色、线下活动的相关海报，一般是将蓝色作为主色调。

颜色一致性在设计中非常重要，正如许多品牌通过一致性的设计让其品牌色广为人知，可见颜色的传承对于产品宣传的重要性。特别是对于多端部署的产品来说，颜色一致性表现得尤为重要。

产品的色调会影响用户对产品的认知，用户对产品的初始认知来源于产品的品牌色及其主体内容。例如，走在马路上，远远看到穿黄色服装的外卖员，大部分用户会认为那是美团的外卖骑手，而穿蓝色服装的外卖员则会被认为是饿了么的骑手。我们也会发现，它们的应用或小程序的主色调上也与骑手服装的主色调保持一致（图 4-15），这可以让用户更好地识别它们的品牌。

(2) 风格一致性（扁平、拟物、投影等风格表现）

在一个应用或系统中一般只使用一种风格，如拟物化或扁平化（图 4-16），而不应在一个应用或系统中的一些页面使用拟物化风格，另一些页面使用扁平化风格，这很容易让用户在使用过程中疑惑这是不是在同一个应用或系统中。

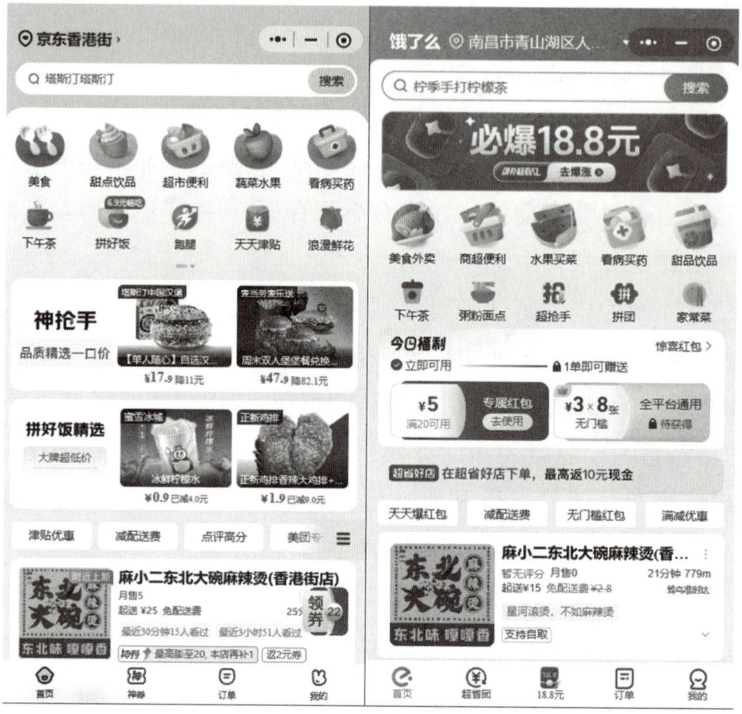

图 4-15　美团与饿了么小程序的颜色一致性

(a) iOS 6 界面

(b) iOS 7 界面

图 4-16　iOS 6 拟物化风格与 iOS 7 扁平化风格

此外，经过这些年的发展，现在很多应用的扁平化设计并不是单纯的扁平化设计，它们一般会在扁平化的基础上增加一些阴影、渐变等细节，使整个画面相对丰富一些。总之，无论使用哪一种风格，都需要注意，一个应用或系统中只使用一种风格。

(3) 图标一致性(保持一种图标风格)

此外，一致性的一个很重要的体现就是图标的一致性。在应用中，同一模块下使用的图标应保持一致。图标的风格包括面形、线形、线面结合等(图 4-17)，选取一种风格，并且让图标的线的粗细、圆角等保持一致。

图 4-17　图标风格分类示例

(4) 属性一致性(字体、图标、图片)

在相同层级不同功能的文字的字体、字号大小，图标，图片的属性表现应该是一致的，或者有某种联系让他们达到一致。

文字的字体选用、字号大小、是否加粗、颜色选择、是否加阴影等都属于文字的属性；图片的属性主要体现在图片尺寸、圆角与直角选择等(图 4-18)。

图 4-18　图片圆角保持一致

例如，在资讯类的文章中，用户在不同的页面中一眼就可以分辨出标题、内容、标签等的不同，是因为在不同的页面中标题、标签、内容给用户的感知是一致的，他们的属性相同。

2. 行为一致性

行为一致性包括删除、滑动、点击、下滑刷新、动作、动画表现等内容的一致性。

行为一致性也可以被称作交互动作一致性，指用户在不同界面操作相同的功能时，使用的操作方式应该是一致的，如点击打开、左滑删除、长按显示更多、截图出现自动分享等操作在各个页面表现一致。

例如，在 iOS 系统中，很多列表删除操作都是左滑完成的，我们在设计列表的删除操作时，就不要使用右滑删除。再如，在应用页面中，下拉刷新是一个非常自然的操作，并且经过多年的使用，很多用户已经习惯了这个操作，那么建议在设计中继续使用下拉刷新的操作，而不是把下拉刷新换成其他功能。

3. 感知一致性

(1) 位置一致性

位置一致性主要是指相同的功能在页面中的位置需要保持一致，这样可以方便用户快速准确地进行操作。这包括相同功能的操作位置一致、页面之间的元素相对位置一致等。

例如，很多应用都有文件管理功能，用户可以对文件进行移动、分组、删除、分享、编辑等操作，在执行操作时通常会先点击管理，然后勾选。那么，建议应用所有页面的文件的勾选位置都保持一致(图 4-19)。

(2) 文本一致性(提示语、操作提示、功能按钮、编辑提示)

文本一致性是指在产品中，同样的功能在不同的地方出现时的文本描述应该保持一致，这包含提示语、辅助信息、操作提示、功能按钮文本等内容。

提示语和辅助信息(如账号密码的输入提示)应在语气上、用词上保持一致。表 4-1 和表 4-2 分别为针对二次元用户的哔哩哔哩网站(B 站)和普通应用的提示语，可以看到，B 站和普通应用的分场景提示语分别各自保持了一致性。

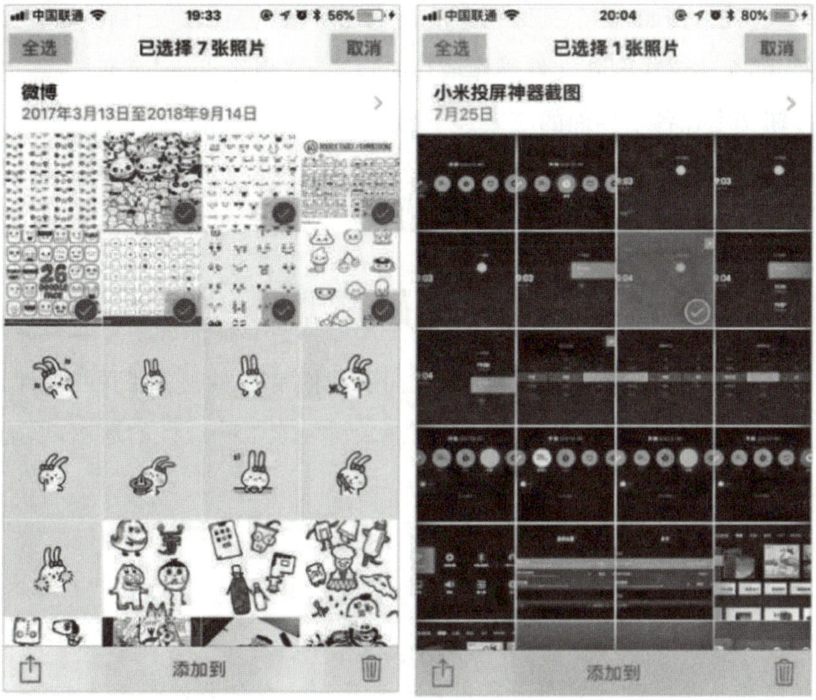

图 4-19　相同操作的位置保持一致

表 4-1　B 站的分场景提示语

场景	提示语
空页面	什么都没找到啊 T-T
登录	你还没登录哦！赶快登录打开新世界的大门吧
加载中	正在玩命加数据
发弹幕	发个友善的弹幕见证当下

表 4-2　普通应用的分场景提示语

场景	提示语
加载中	数据加载中，请稍候/数据正在刷新中
功能未开放	××功能未开放，敬请期待
空页面	您未××

操作提示主要是用户在操作时的一些反馈，如操作成功、操作失败、已添加等提示语，需要保持一致。例如，一个文件管理应用，如果当用户添加文件的操作成功时提示“添加成功”，那么建议在删除文件操作成功时也提示“删除成功”而不是“已删除”。

功能按钮文本在各个界面的应表述一致。一些列表页面中，通常会有编辑或管理这些列表的功能，即删除、修改等功能。那么在应用设计时，对于同样的操作，建议统一为“管理”“编辑”“删除”等词语中的一个，避免同一个功能多种表述，如收藏功能在所有界面都显示为“喜爱”。

总之，一致性设计的目的是让产品有更杰出的体验。在保证用户体验良好的同时，需要与同类产品做出差异化竞争设计，这就需要我们平时多观察互联网设计趋势、国外设计趋势等。在产品设计中，我们应时刻留意关键元素的一致性的运用，以确保产品整体体验一致。

课后思考

有效的布局与导航设计对于提高用户满意度和完成任务效率至关重要。请分析一个你常用的 APP 或网站，指出其布局和导航设计的优点与可能存在的不足，并提出改进建议。思考如何通过布局优化来提升用户体验。

第 5 章 交互设计实践

5.1 任务分析与用户需求研究

5.1.1 任务分析概述

做好以用户为中心的设计，需要我们更好地了解用户、理解用户。交互设计的核心是优化用户使用体验，而用户使用产品的过程就是完成一系列任务的过程。任务分析就是通过系统地研究用户目标、行为和认知过程，理解用户如何完成任务，以及在此过程中遇到的问题和需求。任务分析的主要意义为以下三点。

理解用户需求：通过分析用户任务，深入了解用户的目标、动机、行为和痛点，从而设计出更符合用户需求的产品。

优化任务流程：通过分析现有任务流程，发现流程中的瓶颈和问题，并进行优化，提高用户效率和满意度。

指导界面设计：任务分析的结果可以为界面设计提供依据，如确定界面元素、布局和交互方式等。

5.1.2 任务分析的方法

目前,常用的任务分析方法主要有层次任务分析(Hierarchical Task Analysis, HTA)与认知任务分析(Cognitive Task Analysis,CTA)两种。

1. 层次任务分析

层次任务分析是一种系统化分析用户任务的方法,它将复杂的用户任务分解成多个层次的子任务,并分析子任务之间的关系,从而帮助设计师理解用户如何完成任务,以及在此过程中遇到的问题和需求。层次任务分析通过结构化的形式客观地描述任务与其子任务层次体系。在交互设计中,层次任务分析可以用于分析并描述用户为达到目标所进行的一系列任务,以及用户与软件系统是如何交互的。

进行层次任务分析时,我们先通过层级分析将任务不断拆解,逐级细化用户的任务,直至用户的具体操作层级。随着任务的细化,我们对用户和产品的理解会越来越清晰,然后再通过任务计划将子任务进行重组,勾勒出用户实际的操作流程。当设计全新的产品时,层次任务分析可以探究用户是如何通过各种不同的方式来完成相同任务的。新产品设计应该能够让用户实现这些行为路径。对于现有的产品,层次任务分析可以帮助优化交互设计,使产品更自然、更人性化。

为了方便理解,下面通过一个例子来说明与简单的任务分析相比,层次任务分析的特点。假设市场上没有其他竞品,我们通过用户的任务分析,来设计一个网上书店。

使用简单任务分析进行设计的过程如下。

(1) 用户目标

买到一本所要的书。

(2) 任务分析

根据用户在生活中买书的行为路径与互联网购物的特点,对用户在网上书店买书的任务进行分析,如图 5-1 所示。

图 5-1　简单任务分析图

（3）低保真原型图（图 5-2）

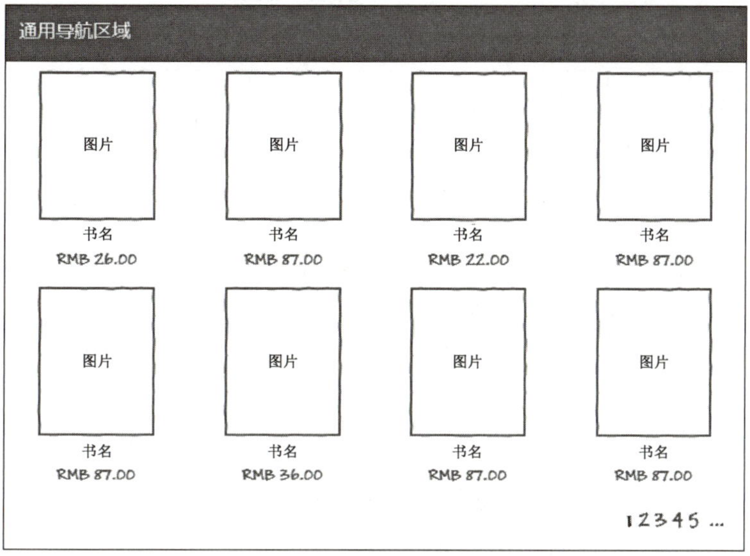

图 5-2　简单任务分析低保真原型图

可以看到，简单任务分析对用户在网上书店买书流程的分析为单一层次的，而为了全面分析用户的任务，我们可以参考消费者在实体书店购买图书时的行为特点。去书店买书的人，大致可以分为两类。第一类用户，非常明确自己所要购买的图书。在书店买书时，他们通常会直奔某个分类区去寻找自己要的书，或者直接询问店员。第二类用户，不确定自己所要购买的图书。在书店里，他们会四处逛逛，遇到感兴趣的图书，才会购买。

根据这两类用户的特点，我们可以将用户在网上书店中挑选图书的任务进行更细致的分解。

使用层次任务分析进行设计的过程如下。

（1）用户目标

买到一本所要的书。

（2）任务分析

在进行层次任务分析时，我们可以通过任务计划将一个或多个子任务进行组合来描述用户在系统中的实际操作流程。在现实中，用户任务的执行不可能完全严格按照流程分析的顺序进行，但是我们可以通过层级将任务不断拆解，然后再通过任务计划将任务进行重组来勾勒出用户可能的操作流程。（图 5-3）

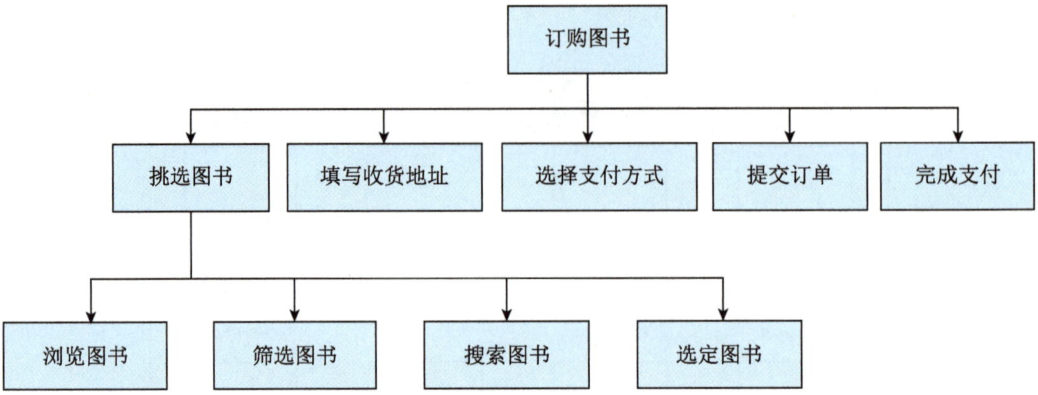

图 5-3　层析任务分析图

用户的主要任务是订购图书。为了完成这个任务，用户的任务计划为：挑选图书→填写收货地址→选择支付方式→提交订单→完成支付。

以挑选图书为例，我们对子任务进行拆解。

对于浏览图书、筛选图书、搜索图书和选定图书子任务，用户可以任意执行一个或多个，且执行顺序不唯一。用户挑选图书的任务计划可能为：浏览图书→选定图书；浏览图书→搜索图书→选定图书；筛选图书→搜索图书→筛选图书→选定图书……

由于子任务之间并不是简单的顺序执行流程，所以在设计时，需要考虑让子任务间的流转更容易，以满足用户可能的任务计划。

(3) 低保真原型图(图 5-4)

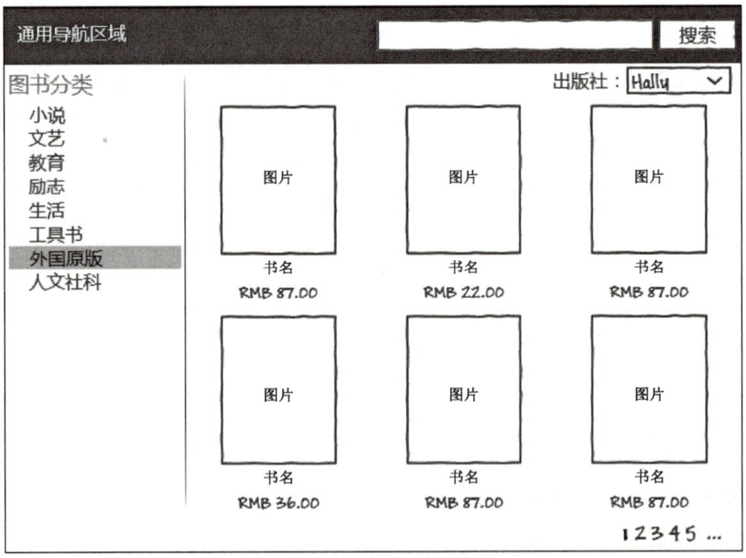

图 5-4　层次任务分析低保真原型图

这一版原型图已经能够满足不同类型的用户对于浏览图书、筛选图书、搜索图书这些子任务的任意组合。这个原型图已经和目前主流网上书店的挑选图书的功能很接近了，缺少的只是一些商业上的细节优化。

(4) 继续拆分至实际操作

随着对子任务的不断拆分，很快就能找到用户在界面上的实际操作流程，图 5-5 是对用户搜索图书任务的实际操作子任务的拆解。

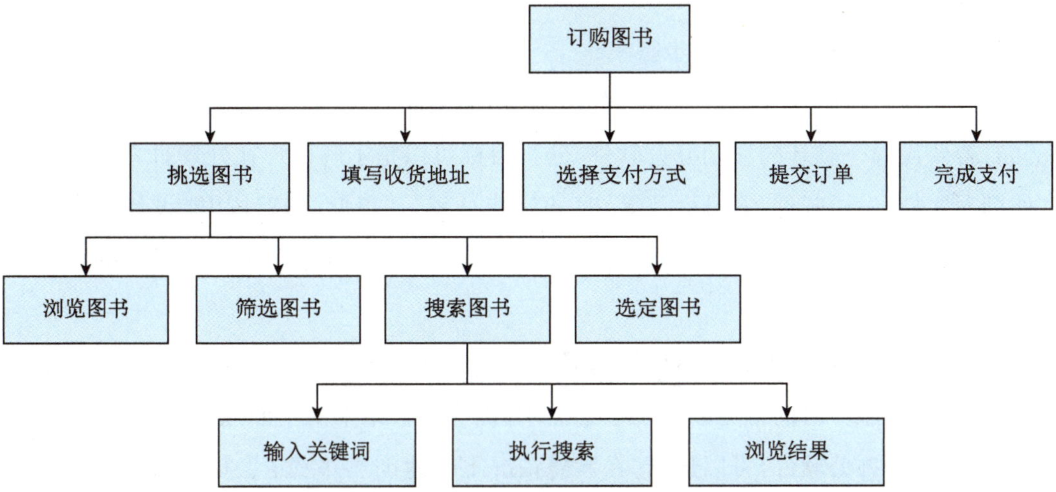

图 5-5　层次任务分析图(实际操作层次)

根据实际操作层次的子任务来进行交互设计会非常轻松。当然，层次任务分析更好的应用是在完成产品原型后，将用户实际的操作路径与当前设计的任务计划进行比较，通过比较，我们会比较容易找出可以优化的点。

在项目中使用层次任务分析，能够让我们对用户行为、产品思考得更完整一些。但是，层次任务分析主要关注工作中可观察和可编制的任务，很大程度上忽略了整合个人或团队的知识、技能和态度等外界因素。而认知任务分析正好可以弥补这一不足。

2. 认知任务分析

认知任务分析是一种系统化方法，用于理解和分解用户在执行任务时的认知过程。在交互设计中，认知任务分析可以帮助设计师更好地理解用户的需求、行为和思维模式，从而设计出更符合用户认知习惯的界面和交互流程。

(1) 认知任务分析的核心目标

理解用户思维：通过分析用户在执行任务时的心理活动，了解他们的决策过程、信息处理方式及可能遇到的认知负荷。

识别关键任务：确定用户在执行任务时的关键步骤和决策点，帮助设计师优化这些关键环节。

减少认知负荷：通过简化复杂任务、提供清晰的反馈和引导，降低用户在使用产品时的认知负荷。

提升用户体验：通过优化任务流程和界面设计，使用户能够更高效、轻松地完成任务。

(2) 认知任务分析的基本步骤

明确分析目标：在开始认知任务分析前，需要清晰界定本次分析想要达成的目标。例如，若要设计一款新的移动办公软件，分析目标可以是了解用户在处理日常办公任务(如撰写文档、发送邮件、安排会议等)时的认知过程，并以此为软件功能设计和交互流程优化提供依据。明确目标有助于确定后续分析的方向和重点，避免无意义的数据收集和分析。

选择合适任务：根据分析目标挑选具有代表性的任务。所选任务应尽量覆盖用户在使用产品或服务时的常见场景和核心需求，确保分析结果的全面性和实用性。例如，对于上述移动办公软件，可以选择“在紧急情况下快速创建并发送会议通知”这一任务，因为它涵盖了多个关键操作，能反映用户在复杂情境下的认知和行为。

确定参与用户：挑选合适的用户群体参与分析。这需要考虑用户的多样性，包括不同年龄、职业、技术熟练程度的用户。对于移动办公软件的分析，既可以邀请经常使用办公软件的职场老手，也可以让对新技术接受较慢的普通用户参与。通过不同类型用户的参与，能获取更广泛的用户观点和行为模式，避免因样本单一导致分析结果片面。

数据收集：运用多种方法收集数据，如观察法、访谈法、协议分析法等。可以在自然环境中观察用户执行任务的过程，记录其操作步骤、表情和行为反应；可以通过访谈询问用户在任务执行过程中的想法、感受和遇到的困难；可以采用协议分析法，让用户在操作时同步说出当下的思考，记录他们表达的内容。例如，在观察用户使用移动办公软件发送会议通知时，可以记录用户点击各个按钮的顺序、是否有犹豫停顿，以及操作过程中自言自语的内容。

数据分析：对收集到的数据进行整理和分析，将观察记录、访谈内容和协议分析的文本进行编码，如将用户遇到的问题、操作习惯、决策点等分别编码，然后，对编码后的数据进行分类和归纳，找出其中的规律和模式。例如，上述案例通过编码分析发现大部分用户在选择会议时间时会优先考虑自己的日程安排，并且在添加参会人员时容易混淆内部人员和外部人员的选择方式。

结果应用与反馈：将分析结果应用到实际的交互设计中。基于分析发现的问题和用户需求，对产品或服务进行改进。例如，针对移动办公软件在发送会议通知时添加参会人员易混淆的问题，优化选择界面，将内部人员和外部人员的选择区域分开，并提供搜索和快速筛选功能。同时，在产品上线后收集用户反馈，评估改进措施的效果，为后续的迭代优化提供参考。

随着技术的发展，新的交互技术不断涌现。认知任务分析可以帮助设计师探索如何将这些新技术与用户的认知特点相结合，创造出更具创新性和突破性的交互方式，为用户带来全新的体验。例如，结合脑机接口技术与认知任务分析，可以探索通过大脑信号控制设备的交互方式。

5.1.3　用户需求研究

不论是产品还是服务，最根本的是要满足目标用户的需求，优化用户体验。满足用户需求的前提是知道用户的需求是什么，知道用户需求的前提是真正了解用户。所以，先了解用户，再明确需求，最后满足用户需求、提升用户体验，这就是一个产品或服务实现价值的过程。

1. 用户研究的目的

为什么在设计过程中需要时时以用户研究为基础呢？原因在于，用户是产品成功与否的最终评判者。实际上，任何一款产品的设计开发人员都会在工作的过程中考虑与用户相关的问题，但最终的产品却往往仍然存在不同程度的用户接受性问题。

在现实中，有些设计开发人员会忽视用户研究的重要性。一个常见的错误观点是认为自己就是用户之一或者对产品的使用情况已经有足够了解，所以凭借自己的情况假设所有用户的期望。这些设计开发人员假设自己能够使用的产品其他人也能使用，自己喜欢的功能其他人也喜欢。但设计开发人员不能代表所有用户的意见，设计开发人员的意见也不是产品成功与否的最终评判。

在很多情况下，如果产品的设计开发人员能够在产品研究和开发的不同阶段有效地与用户进行沟通，使设计建立在深入、细致、准确地了解用户情况和需求的基础上，就可以避免上述问题的发生。在整个产品设计和开发过程中应坚持以用户为中心的原则，时刻考虑用户的需求和期望。

2. 用户分类

贾尔斯·科尔伯恩（Giles Colborne）在《简约至上：交互式设计四策略》（*Simple and Usable Web，Mobile，and Interaction Design*）中把用户分为三种类型：专家型用户、随意型用户和主流用户（最大的一个用户群体）。艾伦 ·库珀（Alan Cooper）则把用户分为专家型用户、新手型用户和中间用户。中间用户（或者说主流用户）占绝对的主体地位，专家型用户和新手型用户相对而言较少。

（1）专家型用户

专家型用户持续且积极地学习更多的内容，希望看到为他们量身定做的前所未有的技术，他们舍得花时间研究新产品、产品的新功能。然而，专家型用户并不是典型用户，他们追求主流用户根本不在乎的功能，他们不会体验到主流用户遇到的问题。但专家型用户是非常重要的用户群体，因为他们对缺少经验的新手型用户有着异乎寻常的影响。当一个新用户考虑产品时，会更加信赖专家型用户的推荐。

（2）新手型用户

新手型用户是敏感的，而且很容易在开始时有挫败感。没有人希望自己永远是新手，新手会很快成为主流用户，或者干脆放弃产品。作为交互设计师，最好假设用户（尤其是新手型用户）是非常聪明但非常忙的人，他们需要一些引导，引导过程应该快速且富有针对性。在向新手提供帮助时，常用的在线帮助是一个很糟糕的工具。因为在线帮助的主要功能是为用户提供参考，而新手不需要参考信息，他们需要概括性的信息，比如一次全局性的界面使用教程。

给新手提供受限的、简单的一组任务计划即可很好地满足他们的需求。但随着用户经验的增加，他们对于扩展功能和使用效率的要求也在提高。将任务计划进行分层或分级的设计，有利于用户平滑地从新手过渡到专家：当用户需要更多功能或者有时间学习这些功能时，他们就能上升到更高的层次。

（3）中间用户（主流用户）

拉里·康斯坦丁（Larry Constantine）最早揭示了为中间用户设计的重要性，他把主要用户称为“不断提高的中间用户”；艾伦·库珀则称他们为“永远的中间用户”。中间用户使用某产品的目的是完成某项任务，他们会掌握一些重要功能的使用方法，但永远不会产生学会所有功能的想法。中间用户知道如何使用参考资料，只要不是必须一次解决所有问题，他们就有深入学习和研究的动机，这意味着在线帮助是主流用户的极佳工具。中间用户通常知道高级功能的存在，即使他们可能不需要。

中间用户最感兴趣的是立即把任务做完，专家用户则喜欢首先设定自己的偏好；中间用户认为容易操控最有价值，专家用户则在乎操控得是不是精确；中间用户想得到靠谱的结果，专家用户则希望看到完美的结果；中间用户害怕弄坏什么，专家用户则有拆解一切刨根问底的冲动；中间用户觉得只要合适就行了，专家用户则想着必须精准匹配；中间用户想看到示例和故事，专家用户想看到的则是原理。

3. 用户特征

交互设计必须努力使产品的中间用户（主流用户）满意，这就需要开发设计人员清楚地认定谁是目标用户及目标用户有哪些特征。一个产品的目标用户常常具有某些共同特征。表 5-1 列出了一些常用的描述用户特征的内容。

表 5-1　一些常用的描述用户特征的内容

序号	用户特征	具体内容
1	一般特征	年龄；性别；教育程度；职业
2	性格特征	内向型/外向型；形象思维型/逻辑思维型
3	能力特征	视力、听力等感知能力判断和分析推理能力；体能
4	文化特征	地域；语言；民族习惯；生活习惯；传统习俗
5	对产品相关知识的了解程度和经验	阅读和键盘输入熟练程度；类似功能的系统的使用经验；与系统功能相关的知识储备
6	与产品使用相关的用户特征	公司内部/外部；使用时间、频率
7	与使用产品的环境相关的用户特征	网络速度；显示器分辨率及色彩显示能力；操作系统及软件版本；软、硬件设置

5.2 交互原型设计与工具使用

5.2.1　交互原型设计概述

原型设计，是整个产品设计过程最后的关键步骤，指将抽象的产品需求和设计策略转化为具象的产品交互原型。原型设计对应的是用户体验五要素模型中的结构层、框架层和表现层，包括用户任务流程、信息架构、交互设计、信息设计、导航设计和界面设计等元素细节。原型设计应综合考虑产品目标、功能需求场景、用户体验等因素，对产品的各板块、界面和元素进行合理排序和布局。

对互联网行业来说，原型设计就是将页面模块、各种元素进行排版和布局，获得页面的草图原型，如图 5-6 所示。为了使效果更加具体、形象和生动，还可以加入一些交互性的元素，模拟页面的交互效果，获得交互原型，如图 5-7 所示。

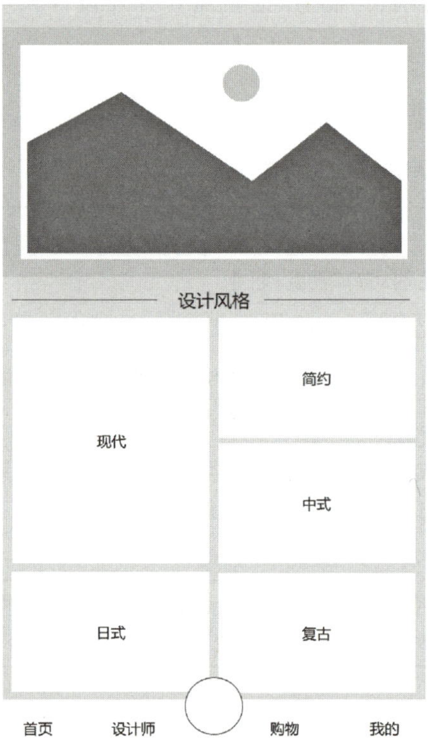

图 5-6　页面的草图原型

图 5-7　页面的交互原型

交互原型，是将抽象的解决策略和前期思考过程，落地转化为具象界面的结果。具体而言，使产品的原型无限接近用户的心理模型，可以让用户更加有效地完成其操作目的，从而改善产品的用户体验、提升产品的价值。

项目的产品研发团队，可以通过交互原型全面了解产品的交互效果和实现的逻辑细节，快速推进项目落地。同时，交互原型设计方案是以用户体验为基础、以解决业务问题和用户问题为核心、以商业成功为终极目标而设计的，可以助力业务和产品目标的达成。

一个项目的设计开发通常需要多名人员的共同努力。很多人错误地认为产品原型设计是整个项目的早期过程，只需要产品经理参与即可，但实际上产品经理最熟悉的是产品特性、用户和市场需求，对于页面设计和用户体验设计的技巧通常停留在初级水平。

为了避免产品设计开发过程中发生反复修改的情况，在开始进行原型设计时，产品经理应邀请 UI 设计师和 UE 设计师一起参与产品原型的设计制作，如图 5-8 所示。这样才可以设计出既符合产品经理预期，又具有良好用户体验，还拥有精美页面的产品交互原型。

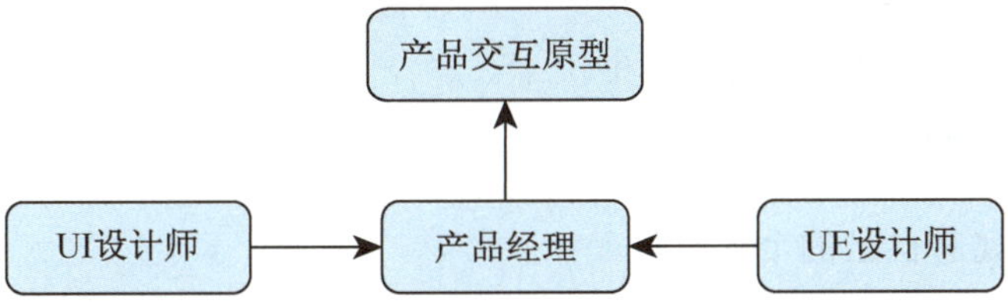

图 5-8　原型设计参与人员

原型设计最大的优点是可以有效地避免忽略重要元素，进而做出不准确、不合理的假设。在原型设计的一开始，对每个元素进行调试并确保它们能够同预期一样运作是相当重要的步骤。这样可以保证，当设计完成可交互的高保真产品原型之后，设计师能够直接将它作为一个成型的界面来使用，从而通过测试模型中所有的功能，来确认其能否解决规划阶段所计划解决的问题。如果没有使用产品原型，而是在完成项目整体的设计和开发之后再进行测试，那么修改和调整的成本就非常高昂了。

一个高保真产品原型能够像最终完成的产品那样运行。开发人员可以对产品原型进行操作，它会给予相应的反馈，开发人员能根据产品运作方式寻求解决特定问题的方案。原型经过可用性测试之后，能够带来更好的用户体验，并能够在产品上线发布之前帮助开发和测试人员排除相当一部分的潜在问题和故障。

1. 交互原型设计的作用

（1）让开发变得轻松

交互原型可以使产品的开发变得更加容易。当设计完成满意的产品原型后，参与者能够清楚项目发布之前剩下的工作，开发人员能够在产品原型的基础上开发出更加完善的方案。

(2) 节省时间和金钱

当一个公司想要推出一款新的 APP 或者发布一个新的网站时,需要集合相关人员来组成项目团队。随着时间的推移,团队的支出会不断增长,公司在项目上的投入自然越来越多。有了产品原型之后,团队成员能够围绕产品原型进行快速高效的沟通,从而明确哪些地方需要增删、哪些细节需要修改,这样能够更加快速地推进项目进度,从而节省金钱和时间。

(3) 更易沟通与反馈

有了原型之后,团队成员沟通的时候不需要彼此发送大量的图片和文档,取而代之的是通过添加评论和链接,或者使用原型工具内置的反馈工具进行沟通,这样,沟通的效率提高了,产品原型的修订速度也更快了。

2. 交互原型设计的要点

(1) 设计时规避自己的个人喜好

自己喜欢的东西别人并不一定也喜欢。设计师可以先浏览其他设计师的作品,再制订更符合大众的设计方案。

(2) 考虑不同类型的用户

设计师在进行原型设计时必须考虑不同类型用户的想法,最终让产品可以"老少皆宜"。只有抓住了不同类型用户共同的心理特征,吸引了更多新的用户,才能说明原型和产品的设计是成功的。

(3) 充分分析竞争对手

设计师平时应多了解竞争对手的项目,总结竞争对手的优缺点,避开竞争对手的优势项目,以他们的不足为突破口,来吸引更多用户的注意。也就是说,要把竞争对手的劣势转换为自己的优势,然后突出展现给用户,这一点在网站项目建设中更易实施。

5.2.2 交互原型设计工具

在设计交互原型时,即使主导人员有非常过人的天赋和灵感创意,也不一定能让想法落地,因为不一定能找到优秀的设计师来完成原型。主导人员很多时候无法将自己脑海中想象的画面完美地展示给别人。所以,掌握一个设计工具来展示脑海中的想法,是极其重要的。

该用什么交互原型设计工具,是大多数人纠结的第一点。目前行业中可选的工具较多。这些工具各有优劣势，让人难以抉择。下面介绍四个在交互原型设计工作中经常用到的工具。

（1）Axure RP

Axure RP(Rapid Prototyping)是一款专业的交互原型设计工具，广泛应用于产品经理、交互设计师及用户体验团队，核心功能为高保真原型制作、复杂交互逻辑模拟及需求文档自动化生成。相较于 Sketch、Figma 等轻量级设计工具，Axure RP 更擅长处理多层级动态交互、条件分支逻辑及数据驱动型界面，尤其适合企业级应用（如 ERP、CRM 系统）、复杂业务流及涉及多用户角色场景的原型设计。

Axure RP 的可视化工作环境可以让用户轻松快捷地用鼠标创建带有注释的线框图。用户不用进行编程，就可以在线框图上定义简单连接和高级交互。在线框图的基础上，Axure RP 可以自动生成 HTML 原型和 Word 格式的文档。Axure RP 界面如图 5-9 所示。

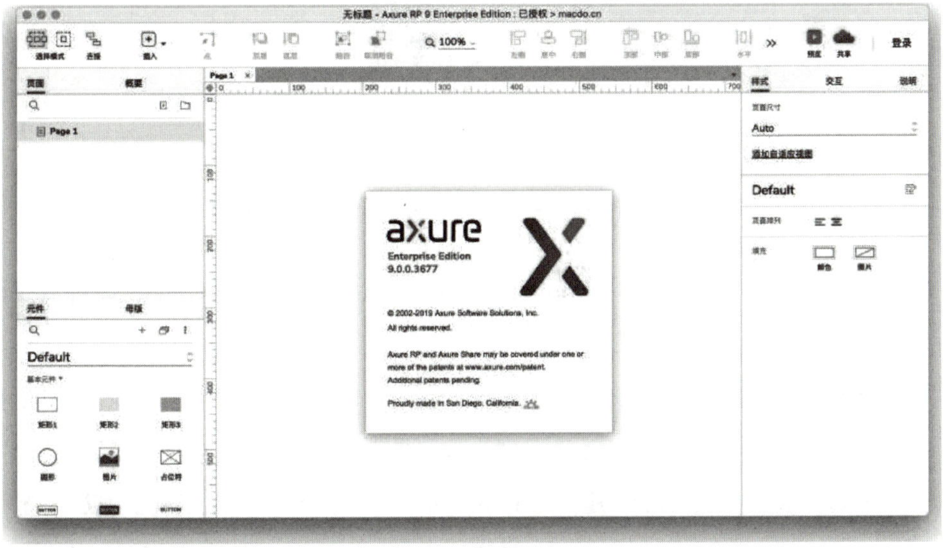

图 5-9　Axure RP 界面

（2）Adobe XD

Adobe XD 是一站式的 UX 与 UI 设计平台，在这款产品上面，用户可以进行移动应用和网页的设计与原型制作。同时，它也是一款结合设计与建立原型功能，并提供工业级性能的跨平台设计工具。使用 Adobe XD 可以高效准确地完成从静态编译或者框架图到交互原型的转变。

Adobe XD 允许用户创建适应多种屏幕尺寸和分辨率的设计。它包含丰富的预设模板和 UI 元素，方便用户在设计过程中快速迭代和完成精细化设计。设计师可以向其中导入各种图形资源，如图片、矢量图形和颜色样本等，并直接在工作区内进行编辑。此外，Adobe XD 与 Adobe Creative Cloud 的其他应用程序（如 Adobe Photoshop 或 Adobe Illustrator）无缝整合，进一步提高设计效率。Adobe XD 界面如图 5-10 所示。

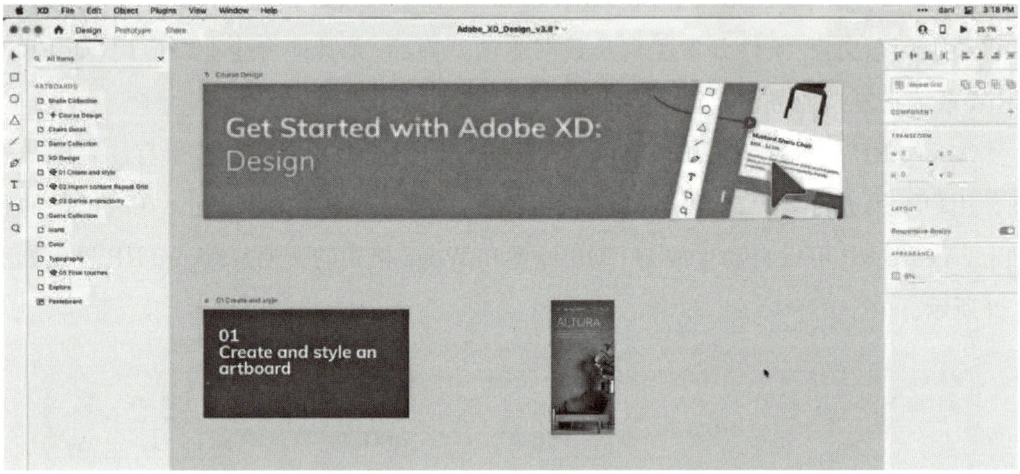

图 5-10　Adobe XD 界面

（3）Sketch

Sketch 是一款专为 UI 与 UX 设计师设计的矢量图形设计软件，因其对数字产品设计流程的高度优化和支持，成为许多设计师的首选工具之一。Sketch 是一款轻量的设计工具，适合使用苹果电脑的交互设计师。从 Sketch 3 开始，Sketch 已经可以被称为原型工具，还能配合 Principle 无缝实现交互效果。

Sketch 可以输出矢量文件；其 Symbol（图形样式）和 Style（文本样式）功能，有利于批量修改和复用；它的每个图层都支持多种填充模式；能够实现多种尺寸的导出，并可导出部件；可以自动保存所有历史记录，便于追溯修改。Sketch 界面如图 5-11 所示。

（4）即时设计

“即时设计”是一款覆盖全平台、可云端编辑的专业级 UI 设计工具，它为中国设计师量身打造，是 Windows 也能用的“协作版 Sketch”。即时设计拥有丰富的设计功能，包括矢量绘图、布局、颜色管理、文字排版等，几乎涵盖了设计师在设计过程中所需要的所有功能。即时设计还支持多人协作，让团队成员可以实时同步工作进度，提高工作效率。

此外，即时设计还支持多种主流工具(如 Sketch、Figma、Adobe XD 等)的设计格式，方便设计师进行跨工具的设计工作。即时设计界面如图 5-12 所示。

图 5-11　Sketch 界面

图 5-12　即时设计界面

工具只是辅助人类完成工作的，并不能自主生成好的作品。所以，不要过分依赖工具或者特意去放弃自己习惯的而使用所谓“别人都在用”的工具，一切以团队的习惯为基础来决定。

优秀的原型设计工具非常多，上述推荐的四款是在工作实践中使用人数比较多的，均有其优劣势。还有一些非常优秀的辅助设计工具，如 Omnigraffle、Mindmanager、Lucidchart、Keynote、PPT、Google Drive、Xmind、MindNode 等，并未提及。只要是能达到我们的设计目的，使用任何工具都可以。

5.3 可用性测试与迭代优化

5.3.1 可用性测试

可用性测试是指让一群具有代表性的用户按照指令对产品进行典型操作，同时观察员和相关人员在一旁观察、聆听、记录。该产品可能是网站，软件，或者其他任何产品。可用性测试可以使用早期的纸上原型进行测试，也可以使用后期成品进行测试。随着设计工具的发展，即使是低保真的交互原型图也可以通过墨刀或者 Figma 等工具，让用户直接上手进行简单的交互操作。

总之，可用性测试是一种通过观察真实用户与产品原型或成品的交互行为，系统性评估用户体验质量的研究方法。其核心目标是发现设计中的可用性缺陷（如操作路径混乱、功能可发现性差等），并根据用户反馈优化产品。

1. 可用性测试评估模型

可用性测试主要围绕有效性、效率性、满意度这三个方面进行展开。有效性（Effectiveness）指任务完成情况；效率性（Efficiency）指任务完成时间和完成路径；满意度（Satisfaction）指用户自我报告数据。

针对以上三个方面，将任务的完成时间和路径进行拆分，可以得到以下四个评估模型及标准（图 5-13）。

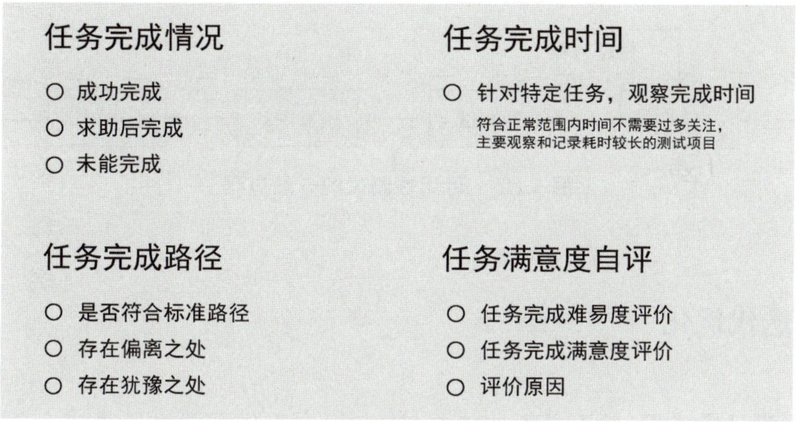

图 5-13 可用性测试评估模型及标准

2. 可用性测试适用于解决的问题范围

确定测试产品的可用性水平：与预期目标、竞争对手或旧版设计相比的可用性水平；比较不同方案，确定哪个方案可行性水平更高。

测试产品功能的可用性问题：可以进一步确认某个功能的用户体验。可用性是交互性产品的重要质量指标，如果用户无法使用或者不愿意接触某个功能，那么该功能也就没有存在的意义了。

3. 可用性测试适用阶段

图 5-14 展示了产品可用性测试适用阶段的分析流程图，可用性测试适用于概念原型、产品测试、产品原型及产品上市阶段。

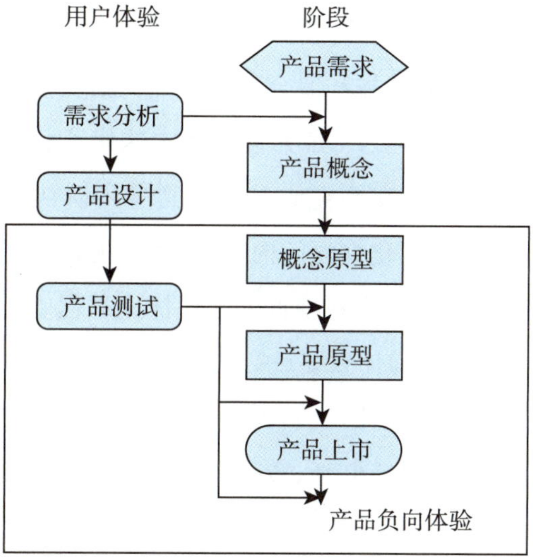

图 5-14 产品可用性测试适用阶段的分析流程图

4. 可用性测试的一般过程

许多设计师和产品开发团队面临的问题，是如何通过用户测试，来正确识别实际的产品问题和设计缺陷。有很多变量可以影响可用性测试的质量和有效性，从而影响最终测试结果的价值。

为了确保可用性测试的有效性，设计师需要了解可用性测试的一般过程(图 5-15)。

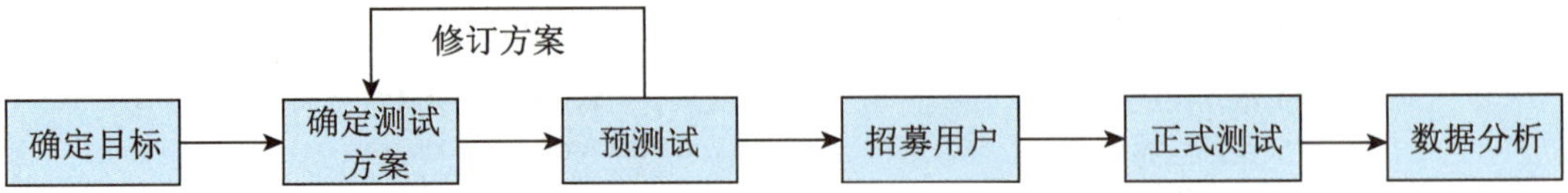

图 5-15　可用性测试的一般过程

5.3.2　迭代优化

当交互设计完成后，并不是大功告成，还有很多工作需要继续推进。例如，为设计落地与开发进行对接时，我们应确保设计文档标准，清楚地标注颜色、字体、尺寸等细节，以方便开发团队实现设计方案。而在产品上线后，需要收集用户的反馈，分析他们的行为数据。比如，有没有哪些功能用户用起来很困难？有没有哪些按钮被频繁误点？这些反馈可以帮助我们发现问题并在下一次更新中优化，从而确保产品可以一直满足用户的需求并保持竞争力。

为实现产品上线后的更新，需持续进行迭代优化。迭代优化是通过周期性测试、反馈收集与设计调整，逐步逼近最优用户体验的持续改进过程。其本质是“设计—验证—改进”的反复循环，强调快速试错与增量升级，而不追求一次性达到所谓的“完美”。

在交互设计项目的版本迭代中，主要有三种迭代优化的类型，分别是新功能版本、优化修复版本和混合版本迭代。新功能版本迭代，一般都会通过文档驱动迭代。而一些体验优化、BUG 修复的版本迭代，则会从需求池中，选取多个小需求打包成一个版本需求，并提交到类似 Jira、禅道等团队协作工具中，进行版本快速迭代。假设既有新功能，又有优化修复的内容，那么就把这两种方式进行混合，去驱动版本迭代。

在一个成熟项目的迭代优化过程中，需要考虑以下几个方面。

(1) 为什么要进行迭代优化

在做优化之前，需要了解清楚该优化需求的目的。常见的迭代需求有四类：满足用户期望、设计创新、数据反馈分析、实现管理层战略规划。

满足用户期望：要了解用户现在遇到什么使用问题，可以和用户直接交流，获取一手信息。因为他人的转达可能带有自己的理解，可能有引导性，会局限设计思路。

设计创新：可以参考现有市场竞品已有的功能，依靠产品经理和设计师自身对业务的理解进行创新。应分析这些创新可能给用户带来的好处，是提升了工作效率，还是降低了人工或资产成本。

数据反馈分析：通过历史数据分析用户行为，不断完善用户体验。需要注意的是，该迭代一定要确保数据采样合理、分析正确，否则很可能导致用户体验下降。

实现管理层战略规划：该需求通常为“重点项目”。管理层会基于战略目标给出迭代需求，设计师应当进行调研并围绕功能的使用场景进行迭代优化，以更合理地满足需求。

（2）迭代优化的内容

需要对迭代的内容有清晰的了解，包括场景、功能、流程等。

常用的梳理场景的方法有用户画像法、情景观察法。面向普通用户的产品对于服务的是哪一细分群体的用户非常明确，因此用户的场景会比较清晰，比较适用于用户画像法。但是面向企业用户的产品参考用户画像指导产品迭代是不太适用的。可以使用情景观察法，实地了解用户场景和需要，条件不允许的情况下可通过产品经理间接了解用户场景，确保设计符合用户真实场景。

功能和流程可以基于用户访谈、情景观察、页面走查、产品经理业务介绍等多种方式进行梳理绘制，在设计交互的过程中作为参考，保证流程闭环、细节思考到位。

（3）聚焦问题

在做流程或场景梳理的过程中，会直接或间接地收集到用户的问题，然后需要验证这些问题是否真实存在。例如，一个用户说“某某功能我觉得应该怎么样设计更好”，这时候就需要找别的用户验证，请教他们平时是否用这个功能，是否有建议。再如，发现一个功能交互非常不友好，是不是立马改？不是的，还是需要先验证问题。

（4）解决问题

发现问题并聚焦问题后，应关注怎么解决问题，明确设计方向和解决问题的具体方案。

设计师可以结合自身经验以及业务了解，提炼出可以解决问题的设计策略方案。设计师可以参考的方法论有很多，比如格式塔原理、尼尔森十大可用性原则、简约设计、费茨定律等。

（5）设计验证

拟定验证方案，跟进后续反馈，不断完善体验。设计验证基于需求想要达成的目标（包含用户、业务），制定可以衡量的指标。

迭代优化是用户体验持续卓越的核心保障。通过系统化的流程设计、科学的工具链支持与跨团队的高效协作，设计师能够将用户反馈转化为切实的体验提升。未来，随着 AI 技术的深度融入，产品迭代速度与精准度将大幅提升，但“用户真实需求”始终是优化的唯一“灯塔”。

课后思考

交互设计的核心在于理解用户行为并提供流畅的交互体验。假设现在要设计一个面向老年人的健康监测 APP，请你设计几个关键交互场景（如注册登录、数据查看、健康提醒等），并详细阐述如何通过界面反馈、操作简化等手段确保这些场景对老年用户友好。

第 6 章
新媒体界面案例分析

6.1 网页界面设计案例分析

在数字化时代，网页已成为信息传播、商品交易、文化交流的重要平台。网页界面设计，作为这一平台的视觉与交互基础，其重要性不言而喻。它不仅关乎信息的有效传达，更直接影响到用户的浏览体验、购买决策和品牌形象的塑造。

网页界面设计通过直观的视觉元素、合理的布局结构和清晰的导航体系，确保信息准确、高效传递。在信息爆炸的现在，优秀的界面设计能够帮助用户更快速地定位所需内容，提升信息获取效率。

用户体验是衡量网页成功与否的重要标准。网页界面设计通过色彩搭配、字体选择、动画效果等手段，营造舒适、愉悦的浏览氛围。同时，通过优化交互流程、减少用户操作障碍，提升用户满意度和忠诚度。

网页作为品牌线上展示的重要窗口，其界面设计直接反映品牌形象和价值观。通过统一的视觉风格、个性化的品牌元素和符合品牌调性的交互设计，网页界面能够增强品牌辨识度，提升品牌价值和市场竞争力。

因此，深入研究和掌握网页界面设计的核心原则与技巧，对于提升信息传播效率、优化用户体验、塑造品牌形象具有重要意义。

6.1.1 经典网页界面设计案例

1. 电商网页界面设计——以京东为例

在电商行业的激烈竞争中，京东凭借其强大的供应链体系、丰富的商品种类、高效的物流服务和优质的用户体验，成为中国乃至全球电商市场的重要力量。京东的网页界面设计(图 6-1)不仅承载了电商网站的基本功能，更通过一系列创新设计策略，提升了用户的购物体验，增强了用户黏性。下面将深入分析京东的网页界面设计，探讨其设计亮点。

图 6-1　京东的网页界面设计

(1) 直观高效的导航结构

如图 6-2 所示，京东网页的导航设计注重直观性和高效性，首页左侧采用清晰的菜单栏，直接展示“家用电器”“手机”“电脑”“服装”等主要商品分类，便于用户快速定位到感兴趣的购物区域。鼠标移动到左侧的导航栏时，还会展示更详细的分类，进一步丰富用户的浏览选择。此外，京东还引入了智能推荐系统，可以根据用户的浏览历史和购买记录，动态调整首页的推荐内容，实现个性化展示，提高用户点击率和转化率。

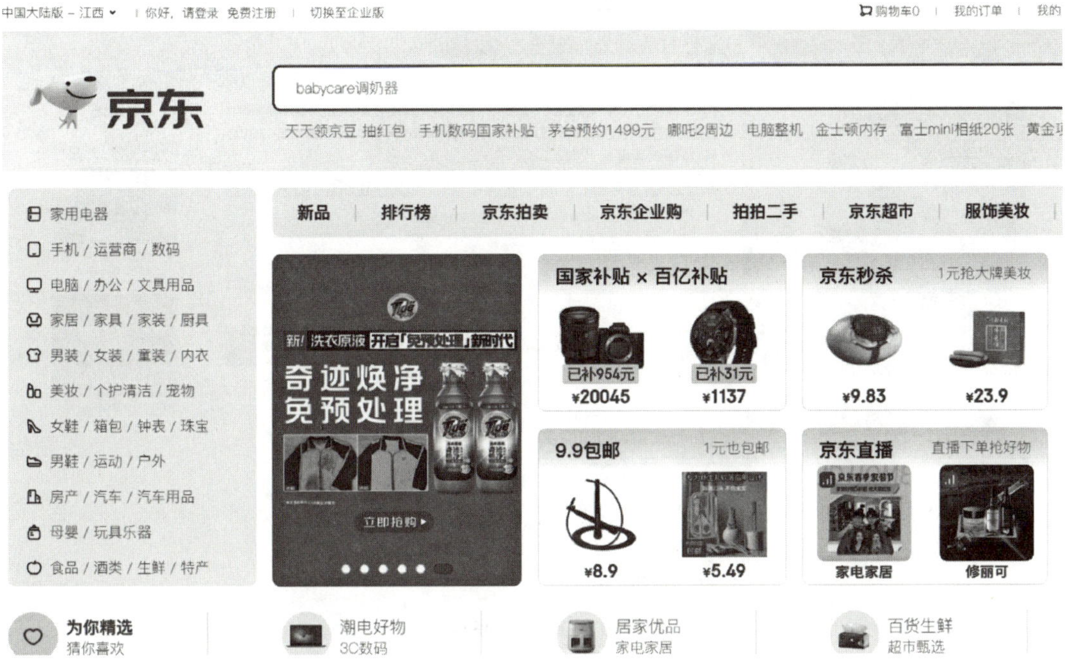

图 6-2　京东网页导航设计

（2）丰富的商品详情页展示

京东在商品详情页的设计上同样注重信息的全面性和视觉吸引力。如图 6-3 所示，每个商品详情页都配备了高质量的产品图片，包括高清大图、细节图、实物对比图等，帮助用户从不同角度了解商品细节。商品详情页还提供视频展示，以增强用户的沉浸感和购买欲望。此外，京东商品详情页还展示了商品的详细参数、用户评价、问答区等信息，通过真实的数据和用户的反馈与互动，提高商品的可信度，以帮助用户提高购买决策效率。

（3）流畅的购物流程与多样化的支付手段

京东在购物流程的设计上，注重简化步骤、提高效率。用户可以在商品详情页中将商品加入购物车，可以随时查看购物车内的商品清单、总价及优惠信息（图 6-4）。结账时，京东还提供了多种支付方式，包括在线支付（如银行卡、支付宝、微信支付）、货到付款等，以满足不同用户的支付习惯和需求。同时，京东还引入了“一键下单”功能，可以极大缩短结账时间，提升用户的购物体验。

图 6-3 京东商品详情页

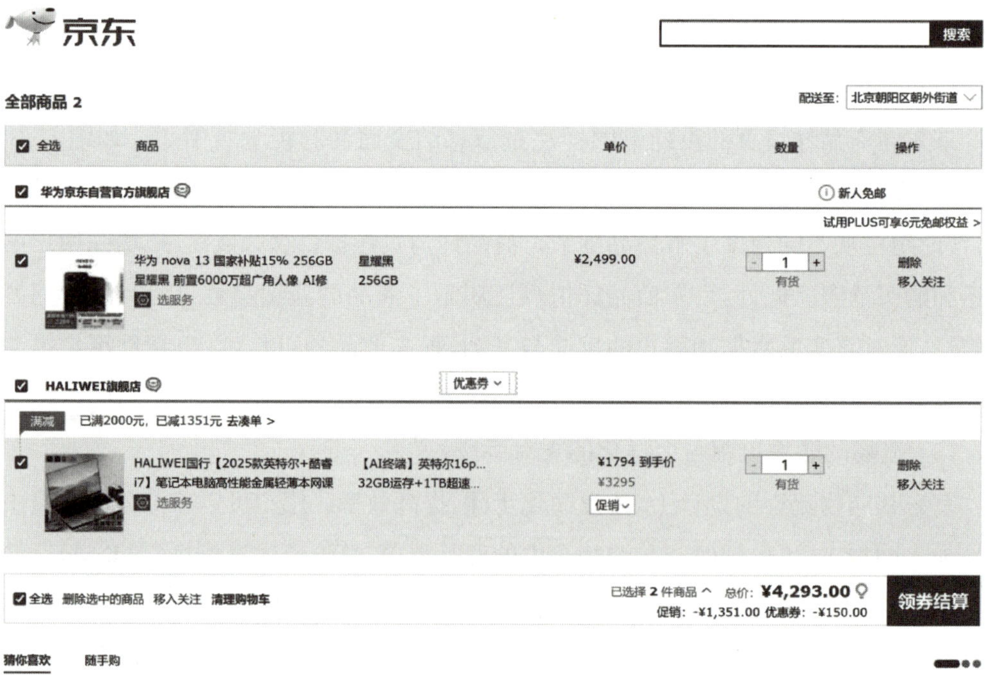

图 6-4 京东购物车界面

(4) 用户体验与个性化服务

京东非常重视用户体验的持续优化，通过大数据分析、用户行为研究等手段，不断优化界面布局、提升交互流畅度。同时，京东还推出了会员体系，根据用户的消费金额、活跃度等因素，提供不同等级的会员权益，如免费快递、专属优惠、专属客服等，以增强用户的归属感和忠诚度。此外，京东还利用 AI 技术，如智能客服机器人，提供 24 小时不间断的客户服务，解决用户在使用过程中遇到的各类问题。

京东作为电商网页界面设计的经典案例，其成功之处在于通过直观高效的导航结构、丰富翔实的商品展示、流畅的购物流程与多样化支付，以及持续优化的用户体验与个性化服务，为用户打造了一个便捷、安全、愉悦的购物环境。这些设计亮点不仅提升了京东的市场竞争力，也为整个电商行业树立了标杆，推动了电商网站界面设计的不断进步和创新。京东的成功经验，对于其他电商网站而言，无疑具有重要的参考价值。

2. 新闻资讯类网站界面设计——以“极目新闻”为例

新闻资讯类网站在现代社会中扮演着至关重要的角色，它不仅是信息传播的重要渠道，还是公众获取新闻、了解时事的主要窗口。然而，随着数字化时代的发展，新闻资讯类网站也面临着诸多挑战与机遇。一方面，用户对于新闻时效性和准确性的要求越来越高，希望能够在最短的时间内获取到最新且最相关的信息；另一方面，随着移动设备的普及，用户对于跨平台、跨设备的阅读体验也有了更高的要求。

极目新闻作为湖北日报传媒集团重点打造的新媒体品牌，凭借其优质的原创内容和创新的界面设计，在新闻资讯类网站中脱颖而出。

图 6-5 为极目新闻网站界面，通过分析其界面设计的亮点，我们可以对新闻资讯类网站的设计有更深的理解。

(1) 个性化推荐系统

极目新闻注重用户体验，通过个性化推荐系统，为用户提供量身定制的新闻内容。该系统基于用户的历史浏览记录和兴趣偏好，利用算法实现精准推送。这种个性化的内容推荐机制，不仅提升了用户的满意度，还增加了用户的黏性，使用户对平台的使用频率显著提高，停留时间显著延长。

(2) 响应式设计

极目新闻采用响应式设计，以确保网站能够在各种设备上正常显示，并为用户提供一致的阅读体验。无论是使用手机、平板还是电脑，用户都能方便地访问和阅读新闻内容。图 6-6 展示了极目新闻网页版与手机版界面对比。这不仅提高了网站的可用性和可访问性，还提升了用户体验，增加了网站的访问量和用户满意度。

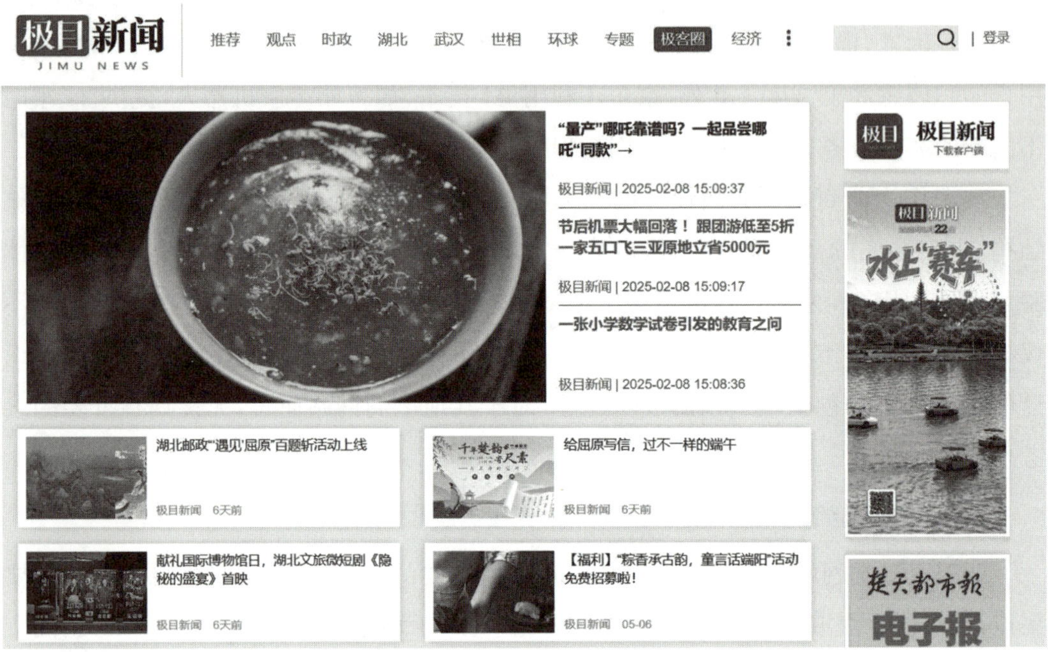

图 6-5　极目新闻网站界面

图 6-6　极目新闻网页版与手机版界面对比

(3) 视觉层次感

在视觉设计上，极目新闻注重色彩、字体和布局的搭配与运用。网站整体色调简洁大方，通过鲜明的色彩对比和合理的字体选择，使新闻内容更加突出，易于阅读。同时，网站布局清晰明了，通过不同的字体大小、颜色和间距，有效地引导用户的视线，使用户能够快速找到所需的信息。这种视觉层次感的设计，不仅提升了美观度，还增强了信息的可读性和易用性。

(4) 交互创新

极目新闻在交互设计上也有诸多创新之处。例如，网站融入了评论互动功能，用户可以在新闻下方发表自己的观点和看法，与其他用户进行交流和讨论。同时，网站还提供了社交分享功能，用户可以很方便地将感兴趣的新闻内容分享至各大社交平台，从而扩大信息的传播范围。这种交互设计不仅增强了用户的参与感和归属感，还提升了信息的传播效率。

极目新闻通过个性化推荐系统、响应式设计、视觉层次感和交互创新等方面的精心设计，为用户提供了优质、便捷、高效的新闻阅读体验。这些设计亮点不仅提升了用户的满意度和黏性，还增强了网站的品牌形象和竞争力。

3. 企业官网界面设计——以华为官网为例

华为，作为全球领先的信息与通信技术解决方案提供商，其官方网站不仅是产品展示、销售与提供客户服务的核心平台，更是传递品牌价值、展示技术实力与创新成果的重要窗口。华为官网主界面(图 6-7)的设计，以其简洁而不失大气的风格、卓越的用户体验及高度的品牌一致性，在众多企业官网中脱颖而出，成为行业标杆。

图 6-7　华为官网主界面

下面为对华为官网的设计亮点的分析。

(1) 品牌一致性

华为官网的设计深刻体现了品牌的核心价值,从标志性的华为“花瓣”标识、简洁的灰白背景,到统一而精致的字体设计,每一处细节都紧密围绕着华为的品牌理念展开。这种高度的品牌一致性不仅增强了品牌的辨识度,更在用户心中树立了专业、可靠的品牌形象。通过视觉元素的巧妙运用和丰富的公司简介(图 6-8),华为官网成功地将品牌理念与产品信息相融合,使用户在浏览过程中能够深刻感受到华为的创新精神和技术实力。

图 6-8　华为官网公司简介界面

(2) 合理的信息架构

华为官网的信息架构清晰合理,通过顶部导航栏(图 6-9)将内容划分为“个人及家庭产品”“商用产品及方案”“服务支持”“合作伙伴与开发者”“关于华为(图 6-10)”等主要部分,每个部分都紧密围绕用户需求展开。例如,在“个人及家庭产品”下,用户可以轻松找到智能手机、平板、穿戴设备等产品的详细介绍、规格参数、用户评价及购买链接;“关于华为”部分,则详细介绍了华为的发展历程、企业文化、社会责任等内容,帮助用户更全面地了解华为。此外,华为官网还采用了响应式设计,确保在不同设备和屏幕尺寸下都能提供流畅的用户体验。

图 6-9　华为官网顶部导航栏

图 6-10　华为官网“关于华为”界面

(3) 优秀的用户互动体验

华为官网非常注重用户互动体验，不仅提供了在线客服、电话咨询、电子邮件等多种联系方式，还设置了在线预约、产品试用、社区论坛等互动环节，方便用户与其进行直接沟通。在“云社区(图 6-11)”板块，用户可以分享使用心得、提出疑问、参与讨论，形成一个活跃的用户交流圈。此外，华为官网还充分利用社交媒体平台，通过微博、微信等渠道与用户建立更紧密的联系，分享最新产品资讯、技术动态及品牌活动，增强了用户的参与感和归属感。

图 6-11　华为官网“云社区”界面

(4) 搜索引擎优化

华为官网在搜索引擎优化(Search Engine Optimization，SEO)方面同样表现出色。

首先，官网的 URL 结构简洁明了，关键词布局合理，便于搜索引擎抓取和索引。其次，官网内容质量高，更新频繁，涵盖了产品资讯、技术文章、行业报告、案例分析等多种内容，不仅丰富了网站内容，也提升了网站的权威性和可信度。此外，华为还通过合作伙伴链接、行业媒体引用等方式增加外部链接，进一步提高了网站在搜索引擎中的排名。这些 SEO 策略共同推动了华为官网在搜索引擎中的曝光度和流量，增强了品牌的网络影响力。

华为官网作为企业官网界面设计的经典案例，充分展示了品牌一致性、信息架构、用户互动、SEO 优化及技术创新等的重要性。通过精心设计的视觉元素、清晰的信息架构、丰富的用户互动功能、有效的 SEO 策略及前沿技术的应用，华为官网不仅提升了用户体验和品牌忠诚度，还增强了品牌在搜索引擎中的竞争力。华为官网的成功经验，对于其他企业而言，具有重要的借鉴意义，为推动企业官网设计的不断进步和创新提供了宝贵的启示。

6.1.2 网页界面设计趋势与挑战

随着互联网的普及和技术的不断进步，网页界面设计也在不断发展变化。网页界面设计不仅仅要进行美学上的考量，更重要的是要平衡美观与功能性，确保用户能够轻松、愉快地使用网页，并获取所需信息。下面将对当前网页界面设计的几个重要趋势——扁平化与拟物化设计的融合、无障碍设计、动态效果与微交互的结合进行详细探讨，并对其面临的挑战进行简单的分析。

1. 扁平化与拟物化设计的融合

在网页界面设计中，关于扁平化设计与拟物化设计的争论持续了非常久。扁平化设计简洁、直观，强调信息的快速传递和界面的易用性；而拟物化设计则注重模拟真实物体的质感和交互效果，为用户提供更为沉浸的体验。近年来，随着用户需求的多样化和设计理念的不断发展，扁平化与拟物化设计的融合成为一种新的趋势。

（1）扁平化设计的特点

扁平化设计通过去除多余的装饰和纹理，使界面看起来更加简洁、现代。它强调色彩、形状和字体的直接表达，让用户能够快速识别和理解界面元素。扁平化设计在移动设备上尤为流行，因为其简洁的界面有助于提高性能和减少加载时间。

（2）拟物化设计的特点

拟物化设计通过模拟真实物体的外观和行为，为用户提供更为直观和易于理解的交互体验。如拟物化的按钮看起来像真实的物理按钮，具有按压的视觉效果和声音反馈。拟物化设计在早期的网页和应用程序中非常流行，因为它能够为用户提供熟悉的操作体验。

（3）扁平化与拟物化设计的融合

近年来，设计师们开始探索将扁平化与拟物化设计的优点结合起来，创造出既简洁又富有表现力的界面。这种融合设计既保留了扁平化设计的直观性和易用性，又加入了拟物化设计的视觉吸引力和操作反馈。如在扁平化的界面中加入一些模拟真实物体的阴影、高光和质感，使界面看起来更加立体和生动。

这种融合设计不仅提升了界面的美观性，还提升了用户的使用体验。以电子商务网站的商品展示页面为例，设计师可以采用扁平化的布局和色彩搭配，使页面看起来简洁明了，同时在商品图片上加入一些拟物化的效果，如阴影和高光，使商品更加立体和吸引人。

2. 无障碍设计

无障碍设计是网页界面设计的重要趋势之一。它强调确保所有用户，无论其身体条件、年龄、文化背景或技能水平如何，都能无障碍地访问和使用网页。无障碍设计不仅有助于提升用户体验，还是企业承担社会责任的体现。

（1）无障碍设计的重要性

随着互联网的普及和数字化生活的深入，越来越多的人依赖网页来获取信息和进行交互。然而，由于身体条件、年龄或技能水平的限制，部分用户可能无法正常使用网页。无障碍设计旨在消除这些障碍，使所有人都能平等地访问和使用网页。

（2）无障碍设计的原则

无障碍设计应遵循一系列原则，以确保网页的易用性和可访问性。这些原则包括以下几点。

可感知性：确保用户能够通过视觉、听觉或触觉等方式感知网页上的信息。

可操作性：使用户能够通过键盘、触摸屏或其他辅助设备轻松操作网页。

可理解性：提供清晰、简洁的界面和导航，使用户能够轻松理解网页的结构和内容。

兼容性：确保网页在不同设备和浏览器上都能正常显示和使用。

(3) 无障碍设计的实践

在实践中,无障碍设计涉及多个方面,如文本缩放、屏幕阅读器支持、高对比度色彩方案等。例如,设计师可以为网页提供文本缩放功能,使用户能够根据需要调整字体大小;同时,可以让网页上的图像和图标都有描述性的替代文本,以便屏幕阅读器能够正确读取;此外,设计师还可以采用高对比度的色彩方案,以确保文本和背景之间的对比足够明显,便于视力受损的用户阅读;最后,为网页提供清晰的导航结构,使用户能够轻松找到所需信息。

3. 动态效果与微交互的结合

动态效果与微交互是提升用户体验趣味性的重要手段。它们通过添加细微的动画和交互效果,使网页界面更加生动和吸引人。

(1) 动态效果

动态效果在网页界面设计中扮演着重要角色。它们不仅能够吸引用户的注意力,还能提供视觉反馈,使用户更加了解当前的操作状态。例如,添加一个按钮被点击时的按压动画,可以让用户感受到操作的即时反馈。

(2) 微交互

微交互是指那些发生在用户与网页界面之间的小规模、即时的交互行为。它们通常使用简单的动画和声音效果,为用户提供愉悦的使用体验。微交互具有即时性、直观性和趣味性等特点,能够使用户在使用网页的过程中感受到更多的乐趣和互动。

(3) 动态效果与微交互的结合

在实践中,设计师可以将动态效果与微交互结合起来,创造出更加生动和吸引人的网页界面。例如,在加载页面中添加一个进度条或旋转的加载图标,以提供视觉反馈并缓解用户的等待焦虑;在用户完成某项操作后,可以弹出一个简短的通知或提示框,以确认操作成功并提供下一步的引导。

此外,设计师还可以利用动态效果和微交互来增强网页的沉浸感和互动性。例如,在电子商务网站的商品展示页面中,当用户将鼠标悬停在商品图片上时,可以显示放大的商品视图或详细的商品信息。这种交互方式不仅提供了额外的信息,还使用户能够更深入地了解商品。

4. 网页界面设计面临的挑战

尽管网页界面设计取得了很大的进步,但仍面临一些挑战。这些挑战包括持续提升用户体验、确保网站安全性等问题。

(1) 持续提高用户体验

用户体验是网页界面设计的核心。设计师需要关注用户的需求和习惯，提供简洁明了的界面、易于理解的导航和丰富的功能。同时，还需要关注用户的心理和行为，通过设计引导用户完成目标行为。为了持续提高用户体验，设计师需要不断测试和改进设计，以满足用户的需求和期望。

(2) 确保网站安全性

随着网络安全问题的日益严重，网站安全性已成为用户关注的重点。设计师需要关注网站的安全性能，采取一系列措施保护用户信息和数据安全。这包括使用安全的服务器、加密技术和防火墙等。同时，设计师还需要关注最新的安全漏洞和攻击手段，及时更新和升级网站的安全防护措施。

6.1.3 网页界面设计的要点

网页界面设计的核心要素可以概括为四个方面：用户体验、视觉设计、交互逻辑和技术实现。用户体验是设计的出发点和落脚点，它要求设计师深入了解用户需求，确保网页界面既美观又实用。视觉设计关乎网页的整体美感，包括色彩搭配、字体选择、布局规划等，这些元素共同构成了网页的视觉形象。交互逻辑强调网页界面应具备良好的导航和交互设计，使用户能够轻松找到所需信息并完成操作。技术实现则是将设计理念转化为实际网页的关键步骤，它要求设计师具备一定的技术素养。

分析众多成功的网页界面设计案例，可以发现一些共通点。首先，这些网页都注重用户体验，无论是简洁明了的导航设计，还是快速响应的交互体验，都旨在通过优秀的用户体验来提升用户的满意度和忠诚度。同时，成功的网页界面设计往往具有鲜明的视觉风格，通过独特的色彩搭配、字体选择和布局规划，形成强烈的品牌识别度。此外，这些网页注重细节处理，如按钮的圆角、图标的清晰度等，这些看似微不足道的细节往往能够显著提升用户的整体使用感受。

随着技术的不断发展和用户需求的不断变化，网页界面设计也在不断更新迭代。因此，持续探索与创新是网页界面设计师必备的素质。应保持对新技术、新趋势的敏锐洞察力，勇于尝试新的设计理念和表现手法。同时，还应注重培养自己的批判性思维和创新能力，敢于挑战传统的设计规则，创造出独具特色的网页界面设计作品。

6.2 移动应用界面设计案例分析

在数字化时代的大潮中，移动应用界面设计（Mobile Application User Interface Design）的重要性日益凸显。随着智能手机和平板电脑的广泛普及，移动应用已不仅仅是技术进步的象征，它们已经深深融入人们的日常生活，成为连接信息、服务、娱乐、社交的桥梁。从购物支付、健康管理到在线学习、远程办公，移动应用以其便捷性、即时性和个性化的特点，极大地丰富了人们的生活方式，提升了工作效率，同时也为企业创造了前所未有的商业价值。

移动应用界面作为用户与应用程序交互的直接窗口，其设计质量直接影响到用户体验的好坏。一个优秀的界面设计能够引导用户流畅操作，提升满意度与忠诚度；反之，设计不当可能导致用户困惑、挫败感增加，甚至导致用户流失。因此，深入理解并实践移动应用界面设计，对于提升产品竞争力、增加用户黏性具有不可估量的价值。

6.2.1 核心要素与设计原则

1. 界面布局

界面布局是移动应用设计的基石，它决定了信息的展示方式和用户操作的路径。不同类型的移动应用，如社交、购物、新闻、游戏等，因其功能和目标用户群体的不同，界面布局也呈现出各自的特点。

社交应用：强调用户间的互动与连接，通常采用底部导航栏或侧边栏让用户可以快速访问主要功能（如消息、朋友圈、发现等），同时利用卡片式设计展示动态或内容，便于用户浏览和互动。

购物应用：注重商品展示和购买流程的便捷性，首页往往采用分类导航和推荐算法相结合的方式，引导用户发现商品；商品详情页则强调图片清晰度、价格信息、用户评价及购买按钮的突出展示，以促进转化。

新闻应用：追求信息的时效性和多样性，首页通常采用信息流布局，根据用户兴趣推送新闻；同时，提供分类浏览和搜索功能，以满足不同用户的阅读需求。

游戏应用：强调沉浸感和操作流畅性，界面布局往往简洁明了，避免过多干扰元素；游戏控制区域设计合理，确保玩家能够轻松进行手势操作或触摸控制。

无论哪种类型的移动应用，信息架构的清晰性和用户操作的便捷性都是其布局设计的核心原则。合理的信息分类、层次分明的页面结构和直观的导航设计，可以有效提升用户体验。

2. 色彩与字体

色彩与字体是移动应用界面设计中的重要视觉元素，它们不仅影响应用的外观，还深刻影响着用户的情感反应和信息接收效率。

色彩搭配：色彩能够传达品牌理念、激发用户情感。在设计中，应选择与品牌调性相符的主色和辅助色，通过色彩对比和渐变来增强视觉冲击力，同时应确保色彩组合在不同光照条件下的可读性。此外，色彩心理学原理的运用也是提升用户体验的重要手段，如使用温暖色调营造温馨氛围，使用冷色调传达专业感。

字体选择：字体不仅关乎可读性，还影响界面的整体风格。在移动应用中，应选择清晰易读的字体，确保在各种屏幕尺寸和分辨率下都能提供良好的阅读体验。同时，通过字体大小、粗细和行间距的调整，可以构建出清晰的视觉层次，引导用户视线流动，提升信息接收效率。

3. 交互设计

交互设计是移动应用界面设计中的关键环节，它决定了用户与应用之间的互动方式和体验质量。

触摸反馈：在移动设备上，触摸是用户与应用交互的主要方式。因此，提供即时且直观的触摸反馈至关重要。这包括点击按钮时的震动反馈、滑动页面时的动画效果及加载状态的视觉提示等，这些都能增强用户的操作感和控制感。

手势操作：手势操作是移动应用的一大特色，通过简单的滑动、捏合、双击等手势，用户可以快速完成复杂的操作。在设计时，应确保手势操作的自然性和一致性，避免用户因操作结果不符合预期而产生困惑或挫败感。

导航菜单：导航菜单是用户访问应用内不同功能的主要路径。在设计时，应确保导航菜单的清晰性和易访问性，通过合理的布局和图标设计，帮助用户快速找到所需功能。

4. 响应式设计

随着移动设备的多样化，响应式设计已成为移动应用界面设计的必备技能。它要求应用能够自动适应不同屏幕尺寸和分辨率，以确保用户在不同设备上都能获得一致且优质的体验。

自适应布局：自适应布局指让应用根据设备的屏幕尺寸和分辨率，自动调整页面元素的尺寸和位置，以适应不同的显示环境。这通常通过媒体查询和 CSS 框架实现。

流式布局：流式布局非常灵活，它允许页面元素根据可用空间进行动态调整，如图片自适应缩放、文本自动换行等。这种布局方式能够充分利用设备的显示空间，提升用户体验的灵活性和舒适性。

界面布局、色彩与字体、交互设计及响应式设计是移动应用界面设计中的核心要素与设计原则。通过深入理解并实践这些原则，设计师可以创造出既美观又实用的移动应用界面，为用户提供卓越的数字体验。

6.2.2　经典移动应用界面设计案例

1. 社交媒体应用界面设计——以微信为例

微信，作为即时通信工具，不仅拥有庞大的用户群体，还有着备受赞誉的界面设计。下面将从视觉设计、交互设计、用户体验等多个方面对微信界面进行深入分析，为社交媒体应用的界面设计提供参考。

（1）视觉设计

微信的视觉设计简洁、现代，整体配色以白灰为主，绿色的图标让其在各种背景下依然清晰可见。这种设计不仅符合现代审美趋势，还能有效减少用户的视觉疲劳。图 6-12 展示了微信登录界面，这一界面极具视觉冲击力，能够快速吸引用户。

在界面布局上，微信采用了清晰、直观的信息展示方式。无论是在消息列表、聊天窗口还是在“我”的界面（图 6-13），用户都能够一目了然地找到所需信息。同时，微信还通过精心设计的图标和按钮，提升了界面的整体美观度。

（2）交互设计

微信的交互设计同样出色。如图 6-14 所示，在聊天界面，用户可以轻松实现文字、语音、视频等多种方式的沟通，而发送、接收状态的即时反馈（如发送成功标志、正在输入提示等）增强了沟通的流畅性和互动性。此外，微信还提供了丰富的表情符号和贴纸，让用户能够更生动地表达自己的情感。

图 6-12　微信登录界面

图 6-13　微信“我”的界面

图 6-14　微信聊天界面

如图 6-15 所示，在个人资料界面，微信通过合理的功能布局和明确的触控反馈，让用户能够轻松找到并操作所需功能。同时，微信还支持用户自定义头像、昵称、个性签名等信息，让用户展现其个性化的一面。

图 6-15　微信个人资料界面

（3）用户体验

微信界面设计在用户体验方面同样表现出色。微信界面设计充分考虑了对不同屏幕尺寸设备的适配问题，通过采用响应式设计和自适应布局等技术手段，确保其在不同尺寸的屏幕上都能呈现出良好的视觉效果和使用体验。此外，微信还通过不断推出新的功能和优化界面设计，提升用户的整体满意度。例如，微信红包、小程序和公众号（图 6-16）等功能的推出，大幅提升了微信的知名度和用户黏性。同时，微信还不断优化现有功能，以满足用户不断变化的需求。

图 6-16　微信公众号界面

通过对微信界面的深入分析，我们可以发现其在视觉设计、交互设计和用户体验等方面都表现出色。其优秀的设计理念和实践经验不仅为社交媒体应用的界面设计提供了有益的参考，也为其他类型的应用界面设计带来了启发。

未来，随着技术的不断进步和用户需求的变化，微信将继续在界面设计上进行创新和优化。同时，我们也期待看到更多优秀的应用界面设计师带来更多创新和惊喜，共同推动社交媒体应用界面设计的发展。

2. 电商平台应用界面设计——以淘宝为例

作为中国最大的电商平台之一，淘宝（图 6-17）的商品展示、购物车、支付流程等关键环节的界面设计创新和用户体验优化策略值得借鉴。

图 6-17　淘宝界面

(1) 商品展示与个性化推荐

淘宝的商品展示页面设计得既丰富又直观，提供了详细的商品信息、用户评价和高清图片等。同时，淘宝还通过智能算法分析用户的购物历史和浏览行为，为用户提供个性化的商品推荐和优惠信息。这种个性化的购物体验不仅提高了用户的购买意愿，还延长了用户在平台上的停留时间，增加了他们的消费频次。

(2) 购物车与结算流程优化

淘宝的购物车界面(图 6-18)设计简洁明了，用户可以轻松管理商品、修改数量和删除不需要的商品。在结算流程中，淘宝提供了多种支付方式，以及使用优惠券和积分抵扣等选项，同时优化了支付页面的加载速度和交互反馈，确保用户能够快速完成支付。此外，淘宝还提供了订单跟踪和售后服务等功能，进一步提升了用户的购物体验。

(3) 用户体验与细节优化

淘宝在用户体验方面注重细节优化，如提供搜索历史、浏览足迹和官方自助服务(图 6-19)等功能，帮助用户快速找到所需商品并解决购物过程中遇到的问题。同时，淘宝还通过定期更新和优化界面设计、提升系统性能和安全性等措施，确保用户能够享受到稳定、流畅和安全的购物体验。

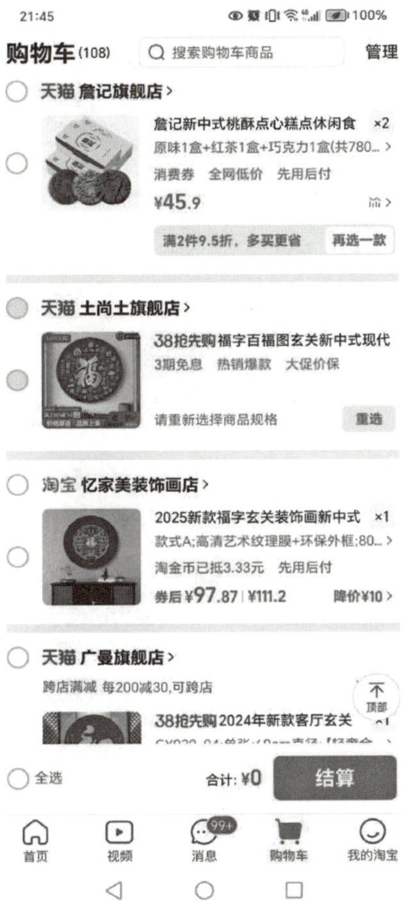

图 6-18　淘宝购物车界面

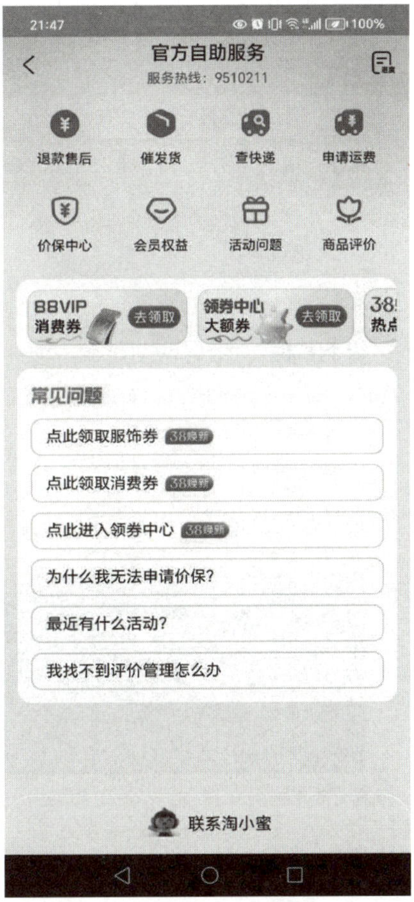

图 6-19　淘宝官方自助服务界面

3. 新闻资讯应用界面设计——以今日头条为例

今日头条作为一款领先的新闻资讯应用，在个性化推荐算法、内容分类呈现和阅读体验等方面展现出了显著的设计创新。图 6-20 展示了今日头条首页界面。

(1) 个性化推荐算法

今日头条利用先进的机器学习算法，根据用户的兴趣偏好、阅读历史和地理位置等信息，为用户提供个性化的新闻资讯推荐。这种个性化的推荐机制不仅提高了用户获取信息的效率和准确性，还增强了用户的阅读兴趣和参与度。

（2）内容分类与多样化呈现

如图 6-21 所示，今日头条的内容分类涵盖财经、军事、体育等多个领域，同时提供图文、视频和音频等多种形式的资讯呈现方式。这种丰富的内容分类和多样化的呈现方式满足了不同用户的阅读需求和偏好，提高了用户的阅读体验和满意度。

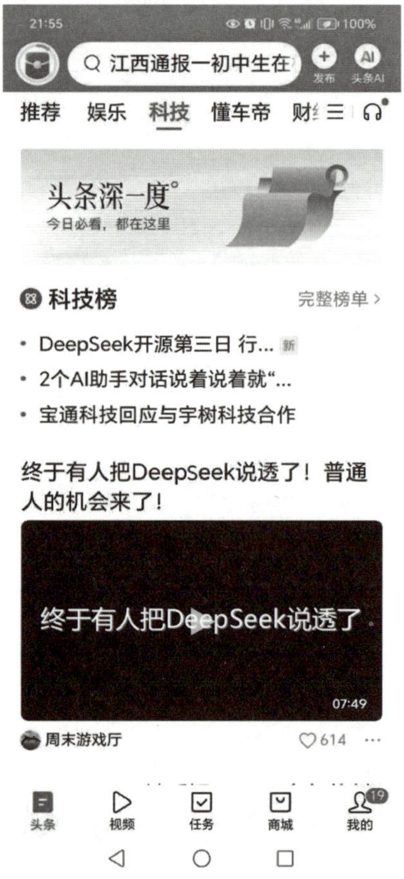

图 6-20　今日头条首页界面

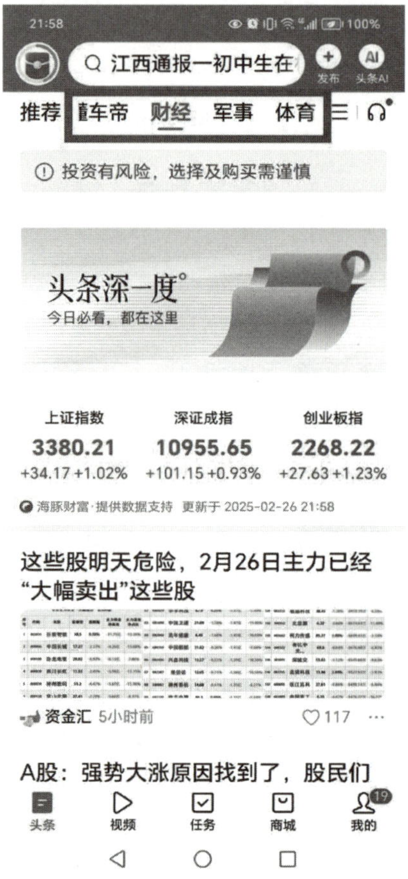

图 6-21　今日头条内容分类界面

（3）阅读体验与互动设计

今日头条的界面设计简洁明了，提供了清晰的导航菜单和搜索功能，便于用户快速找到所需内容。今日头条还支持夜间模式和字体大小调整等功能，进一步提升了用户的阅读体验。此外，如图 6-22 所示，在阅读过程中，用户可以轻松点赞、评论和分享文章，同时还可以在评论区与其他用户进行交流。

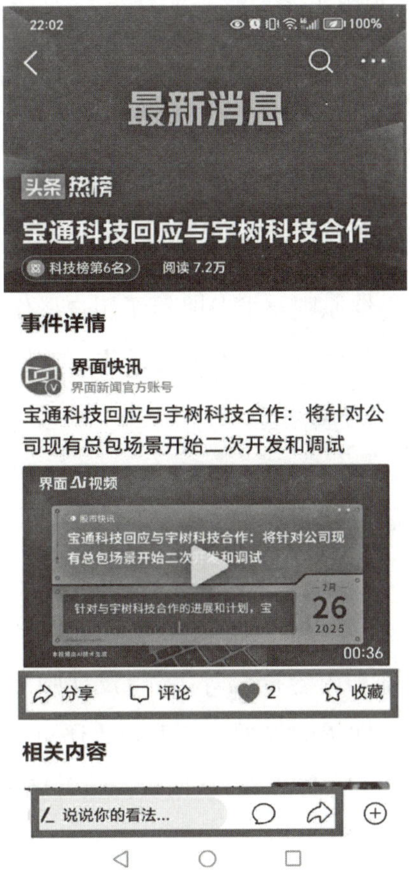

图 6-22　今日头条互动界面设计

微信、淘宝和今日头条分别在社交媒体、电商和新闻资讯领域展现了卓越的界面设计创新和用户体验优化策略。这些成功案例为移动应用界面设计提供了宝贵的经验和启示，值得设计师们深入学习和借鉴。

6.2.3　移动应用界面设计的要点总结与发展趋势

1. 移动应用界面设计的要点总结

根据前文对移动应用界面设计成功案例的分析，我们可以总结出以下要点。

(1) 核心要素

移动应用界面设计的核心要素包括信息架构、视觉设计、交互设计及用户体验。信息架构关注内容的组织和分类，确保用户能够轻松找到所需信息；视觉设计通过色彩、字体、图标和布局等元素，营造吸引用户眼球的视觉效果；交互设计强调用户与应用之间的交互方式，包括触摸反馈、手势操作等；而用户体验是衡量设计成功与否的关键指标，涉及用户满意度、易用性、可访问性等多个方面。

（2）设计原则

在移动应用界面设计中，遵循一些基本原则至关重要。例如，简洁明了的设计原则要求界面简洁、直观，避免信息过载；一致性原则要求应用在不同页面和场景下的设计风格和交互方式保持一致；反馈原则要求及时给予用户操作反馈，提高用户操作的准确性和效率；个性化原则要求根据用户的偏好和需求提供定制化的界面设计和功能服务。

2. 移动应用界面设计的发展趋势

随着技术的不断进步和用户需求的日益多样化，移动应用界面设计正朝着更加智能化、个性化和人性化的方向发展。

（1）AI 辅助设计

人工智能技术的发展将极大地推动移动应用界面设计的创新。通过 AI 算法辅助进行用户行为分析、情感识别和内容推荐等工作，设计师可以更加精准地了解用户需求，并据此设计出更符合用户期望的界面。同时，AI 还可以帮助设计师进行自动化设计、生成设计草案和优化设计方案等工作，从而提高设计效率和质量。

（2）更加智能化的交互体验

未来的移动应用界面将更加智能化，能够根据用户的上下文环境、情感状态和行为习惯等自动调整界面布局、交互方式和功能服务。如通过自然语言处理和语音识别技术，实现更加自然、流畅的语音交互；通过传感器技术和机器学习算法，实现更加精准的手势识别和触摸反馈等。

（3）更加个性化的用户体验

随着用户个性化需求的不断增长，未来的移动应用界面将更加注重个性化设计。通过用户画像分析、大数据分析等技术手段，设计师可以为每个用户提供定制化的界面设计和功能服务，满足他们的独特需求和偏好。同时，通过智能推荐算法和社交网络技术等手段，还可以帮助用户发现更多感兴趣的内容和朋友，增强社交互动和社区归属感。

移动应用界面设计是一个不断发展和创新的领域。随着技术的不断进步和用户需求的日益多样化，设计师需要不断学习和探索新的设计方法和工具，以应对未来的挑战和机遇。同时，设计师还需要关注用户体验的细节优化和个性化设计等方面的工作，不断提高应用的竞争力和用户满意度。

6.3 新兴媒体界面设计案例分析

随着科技的飞速发展，虚拟现实（VR）、增强现实（AR）及智能硬件等新兴媒体技术正以前所未有的速度改变着我们的生活。这些技术不仅为娱乐、教育、医疗等多个领域带来了革命性的变革，也为界面设计领域带来了新的挑战和机遇。

VR 技术通过创建一种模拟环境，使用户能够沉浸在由计算机生成的三维世界中。这种身临其境的体验为用户提供了前所未有的交互方式，使娱乐、教育、医疗等领域的体验方式得到了极大的丰富和创新。在娱乐领域，VR 游戏、VR 电影等新型娱乐形式正在逐步普及；在教育领域，VR 技术可以模拟各种实验环境，提高学生的实践能力和学习兴趣；在医疗领域，VR 技术被用于手术模拟、康复训练等场景，为医疗工作者和患者提供了更加安全、有效的治疗方案。

AR 技术是在现实世界的基础上叠加虚拟信息，为用户提供一种更为直观、丰富的视觉体验。AR 技术在娱乐、教育、营销等多个领域都展现出了巨大的应用潜力。例如，在娱乐领域，AR 游戏、AR 滤镜等新型娱乐形式深受用户喜爱；在教育领域，AR 技术可以将抽象的概念以直观的方式呈现出来，帮助学生更好地理解知识；在营销领域，AR 技术则被用于虚拟试衣间、展示虚拟产品等场景，为消费者提供了更加便捷、有趣的购物体验。

智能硬件作为新兴媒体技术的重要组成部分，也在各个领域发挥着越来越重要的作用。从可穿戴设备到智能家居，再到智能汽车，智能硬件正在逐步渗透到我们的日常生活中。这些设备不仅提供了更加便捷、智能的生活方式，还为界面设计带来了新的挑战和机遇。

6.3.1　新兴媒体界面设计案例

1. VR 界面设计——以游戏 Beat Saber 为例

Beat Saber 是一款备受欢迎的 VR 音乐节奏游戏，它通过创新的三维环境构建、独特的交互方式以及精心设计的声音效果，为玩家营造了一种前所未有的沉浸式游戏体验。图 6-23 展示了其主界面的情况。

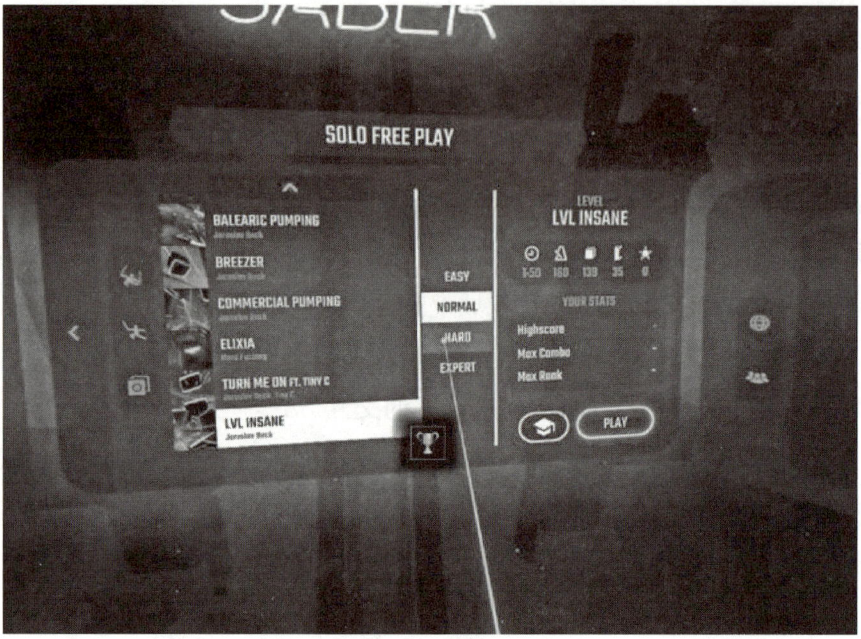

图 6-23　Beat Saber 主界面

（1）三维环境构建

Beat Saber 的三维环境构建简洁而富有动感。如图 6-24 所示，Beat Saber 中的游戏场景通常是一个充满霓虹灯光的虚拟空间。玩家仿佛置身于一个由彩色方块和线条构成的世界中，这些彩色方块和线条会随着音乐的节奏出现和消失，形成一条条复杂的轨迹。玩家需要手持虚拟光剑，按照轨迹切割这些方块和线条，从而完成游戏关卡。

这种三维环境的构建不仅为玩家提供了丰富的视觉体验，还使得游戏玩法更加多样化和具有挑战性。玩家需要在场景中准确地判断方块和线条的位置和移动轨迹，这种考验空间感知能力和反应速度的游戏玩法提高了他们对游戏的喜爱程度。

（2）交互方式创新

Beat Saber 的交互方式是其沉浸式体验的重要组成部分。玩家通过佩戴 VR 头盔和手持控制器，可以身临其境地参与到游戏中。他们可以通过挥动手中的虚拟光剑来切割方块和线条，同时还可以通过头部的转动和身体的移动来调整视角和位置。

图 6-24　Beat Saber 游戏场景

这种创新的交互方式不仅使得游戏玩法更加自然和直观，还增强了玩家的参与感和沉浸感。玩家会感觉自己仿佛真的置身于一个充满节奏和动感的世界中，与游戏中的角色和场景融为一体。

（3）声音设计

Beat Saber 的声音设计同样令人印象深刻。游戏中的音乐节奏明快，与游戏玩法紧密相连。每当玩家成功切割一个方块或线条时，都会出现清脆悦耳的音效和视觉反馈，这使得玩家能够更加直观地感受到自己的操作成果。

此外，游戏中的背景音乐和音效还经过了精心的混音和制作，使得整个游戏过程充满了动感和活力。这种声音设计的巧妙运用不仅增强了游戏的沉浸感，还提高了玩家的游戏体验。

通过三维环境构建、交互方式创新以及声音设计等手段，Beat Saber 成功地为玩家营造了一种沉浸式的游戏体验。玩家可以在游戏中尽情挥洒汗水，享受游戏带来的快乐，同时还可以在挑战中不断提升自己的空间感知能力和反应速度。

2. AR 界面设计——以 IKEA Place 为例

IKEA Place 是宜家推出的一款 AR 应用，旨在通过 AR 技术提升用户在购买家具时的体验，从而提高他们的购买意愿。这款应用允许用户在家中通过手机或平板电脑摄像头扫描实际环境，并在实际环境中模拟放置宜家的家具产品，以查看它们在实际环境中的外观表现和尺寸是否合适。图 6-25 为 IKEA Place 的交互界面。

图 6-25　IKEA Place 交互界面

（1）提升用户体验

IKEA Place 通过 AR 技术，让用户能够在购买前“试用”家具，极大地提升用户的购物体验。用户不再需要依赖产品图片或尺寸描述来想象家具摆放在家中的样子，而是可以直接在真实环境中预览效果。

（2）增强互动性

如图 6-26 所示，IKEA Place 应用允许用户旋转、缩放和移动家具，以从不同角度和距离观察其效果。这种互动性不仅增加了购物的乐趣，还帮助用户做出更明智的购买决策。

图 6-26　IKEA Place 预览界面

（3）提升购买意愿

通过 AR 预览，用户对家具的满意度和购买意愿显著提高——他们更愿意购买那些经过亲自“试用”并觉得满意的产品。

IKEA Place 的成功之处在于它巧妙地结合了增强现实技术与用户的实际需求。通过提供直观、互动且易于使用的 AR 预览功能，该应用不仅提升了用户体验，还促进了销售转化。此外，该应用还展示了 AR 技术在零售行业中巨大的应用潜力，为其他零售商提供了宝贵的参考。

3. 可穿戴设备界面设计——以 HUAWEI WATCH FIT 3 为例

HUAWEI WATCH FIT 3 界面设计同样注重用户体验与功能性的完美结合。

交互逻辑方面，HUAWEI WATCH FIT 3 采用先进的触控技术，用户可以通过轻触、滑动等简单手势轻松操控手表，实现各种功能。此外，它还支持语音交互功能，用户可以通过语音指令完成打电话、发短信、查询天气等操作，进一步提升了使用的便捷性。

在用户体验优化上，HUAWEI WATCH FIT 3 提供了丰富的表盘主题供用户选择，并支持自定义表盘，用户可以根据自己的喜好设置个性化的表盘界面，如图 6-27 所示。同时，手表还支持多种小组件，如健康监测、运动数据、音乐控制等，用户可以根据需求自由添加，实现信息的快速查看。

图 6-27　HUAWEI WATCH FIT 3 丰富的表盘界面

针对智能手表屏幕较小的特点，HUAWEI WATCH FIT 3 通过优化界面布局和字体大小，确保了在有限的屏幕上能够清晰、直观地显示关键信息。此外，它还支持触控滑动操作，用户可以轻松浏览和切换不同界面。

在续航与交互便捷性的平衡上，HUAWEI WATCH FIT 3 通过采用高效的电池管理系统和优化算法来降低功耗，延长了手表的续航时间，确保用户在使用过程中不会因为电量问题而受到影响。

HUAWEI WATCH FIT 3 在界面设计上充分考虑了用户体验和功能性需求，通过先进的触控技术、丰富的表盘主题和小组件、优化的界面布局及高效的电池管理系统，为用户提供了便捷、个性化的使用体验。

4. 智能汽车界面设计——以小米 SU7 智能汽车为例

小米 SU7 智能汽车界面设计以用户为中心，注重简洁、直观与高效。其界面设计融入了小米品牌一贯的简约风格，通过色彩、图形与动效的巧妙搭配，打造了高品质的视觉体验。

(1) 界面布局与卡片式设计

如图 6-28 所示，小米 SU7 智能汽车主界面布局采用三维车模与卡片式的布局，这一设计不仅美观，更兼具实用性。三维车模直观地展示了车辆状态，使用户能够直观了解车辆信息，如油量、电量、车门开关状态等。如图 6-29 所示，卡片式设计将各种重要的信息和功能分解成独立的卡片，如地图、音乐、ADAS(高级驾驶辅助系统)等卡片，用户可根据需求快速切换至相应卡片。

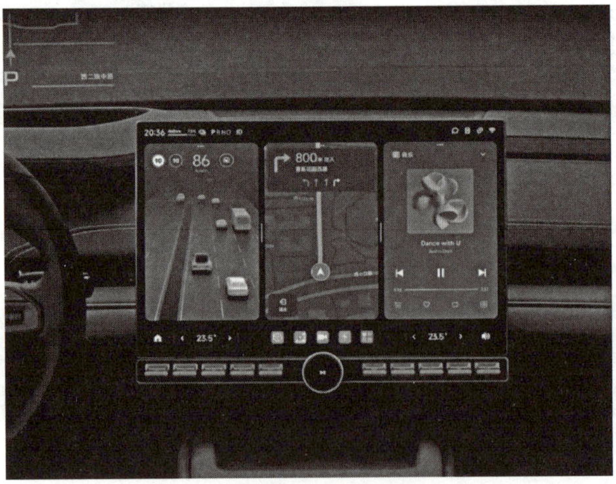

图 6-28　小米 SU7 智能汽车主界面

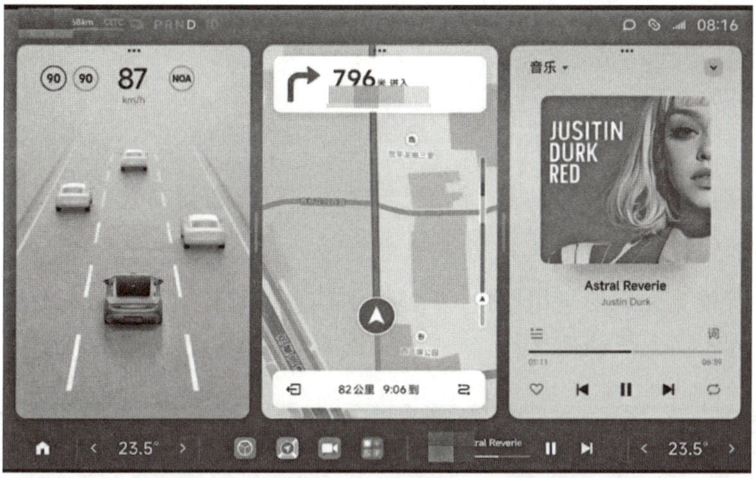

图 6-29　小米 SU7 智能汽车卡片式布局

卡片式布局设计的优势在于其灵活性与可扩展性。用户如果想要添加新功能或信息，可以通过添加新的卡片轻松实现，而不会破坏现有的界面布局。这种设计使得其界面能够持续迭代优化，从而满足用户不断变化的需求。

(2) 简洁的交互体验

小米 SU7 智能汽车界面在交互体验上同样表现出色。如图 6-30 所示，各种卡片支持拖放、滑动和其他手势操作，用户可以通过简单的手势完成信息的浏览与功能的切换。这种简洁的交互设计不仅增强了用户的参与感，更提高了操作效率。

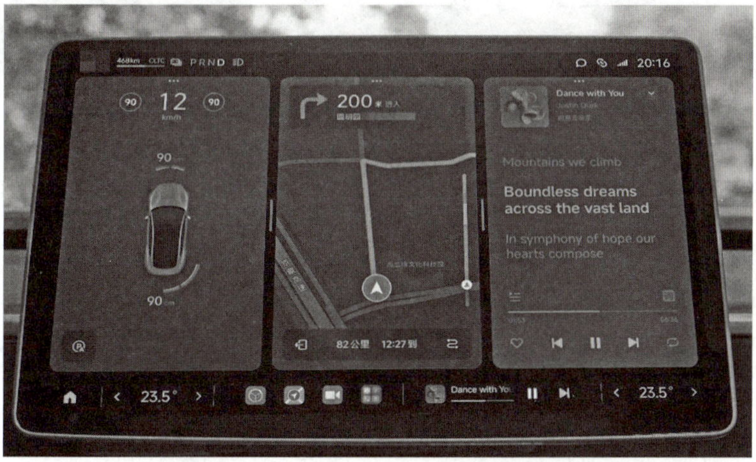

图 6-30　小米 SU7 智能汽车界面操作

此外，用户还可以通过智能语音助手进行语音交互。用户只需说出指令，即可完成导航、音乐播放、车辆控制等操作。智能语音助手的加入，使得驾驶过程中的操作更加简洁与安全。

(3) 信息层级与可视化设计

在信息层级设计上，小米 SU7 智能汽车界面注重清晰与高效。导航和车控功能的选中状态一致，但界面层级通过视觉效果进行区分，使得信息获取更加直观。高亮颜色、动画效果等视觉元素的运用，进一步提高了信息的可读性。图 6-31 展示了其设置界面。

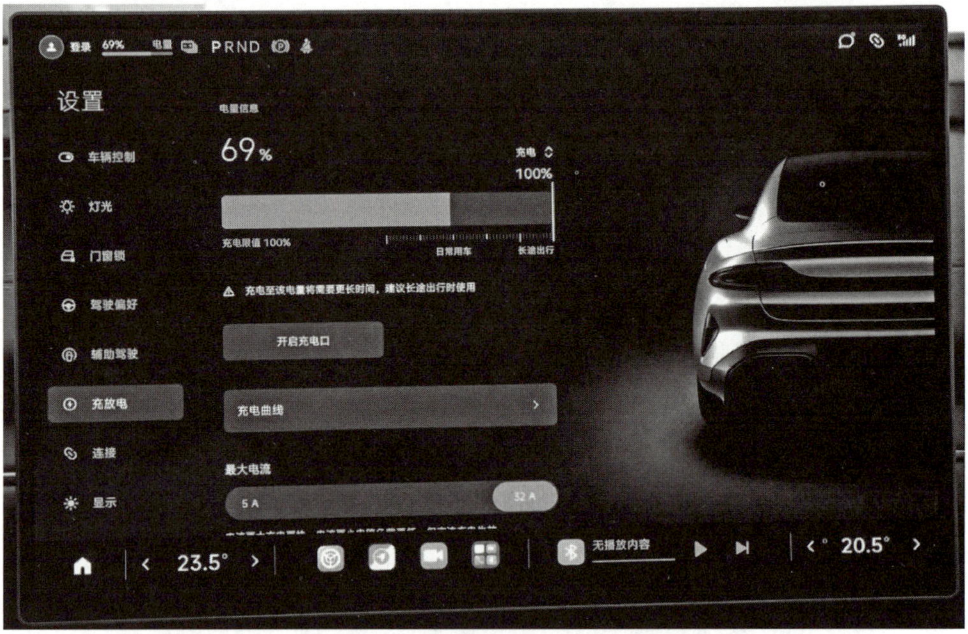

图 6-31　小米 SU7 智能汽车设置界面

可视化设计方面，小米 SU7 智能汽车采用高品质三维车模与特写镜头，将车辆设置功能以场景化的方式呈现给用户。这种设计不仅美观，更有助于用户理解复杂的车辆设置，提高操作效率。

(4) 体现品牌特色

小米 SU7 智能汽车界面设计在体现品牌特色方面同样有很多巧思。统一的设计风格、鲜明的色彩搭配以及独特的动效设计，共同体现小米独特的品牌形象。如图 6-32 所示，以其显示设置界面为例，界面中的扁平化图标、圆角矩形与图形的巧妙结合，不仅彰显了小米品牌宣称的高端定位，还为用户带来简约而不失时尚的视觉体验。

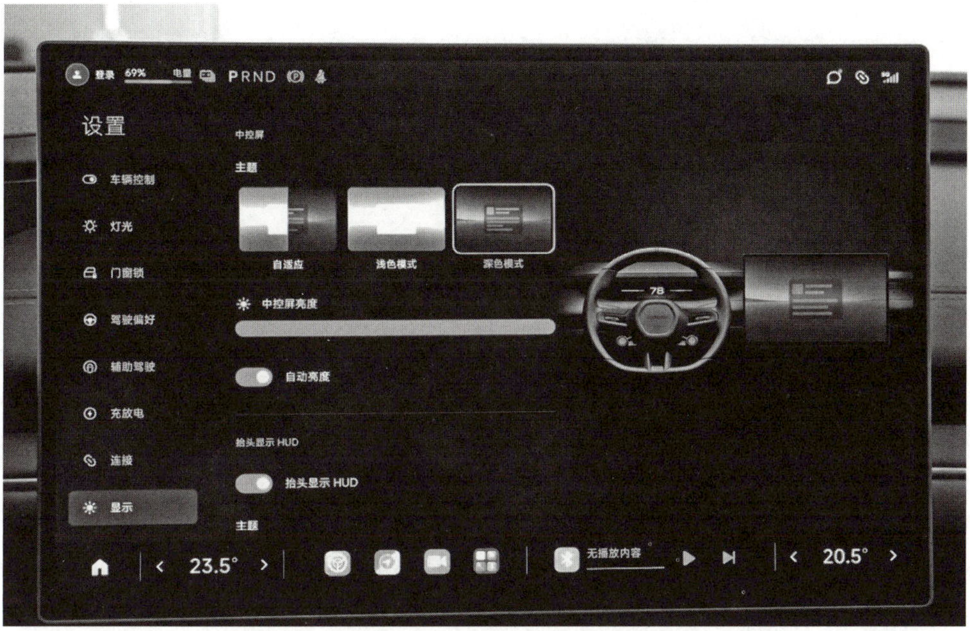

图 6-32　小米 SU7 智能汽车显示设置界面

此外，小米 SU7 智能汽车还通过界面设计中的细节传递品牌理念。如智能扶手动效设计、智能方向盘动效设计等，这些微妙的细节设计不仅增加了界面的趣味性，更让用户感受到与车辆的互动与连接。

(5) 智能动效与用户体验

小米 SU7 智能汽车界面在智能动效设计方面同样表现出色。汽车启动时炫酷的动效设计结合品牌 logo 的动态呈现，不仅增强了对用户的吸引力，同时还凸显了品牌特色。在界面布局发生改变时，其动效会帮助用户理解这种状态的改变，让用户在不同的内容之间过渡、切换。

智能动效的设计不仅提升了界面的美观性，更在用户体验上起到了至关重要的作用。它使得复杂的操作看起来更加简单直观，引导用户视觉焦点的走向，帮助用户更好地感知页面布局。同时，智能动效还增加了界面的趣味性与互动性，使得用户在使用过程中能够享受到更加愉悦的体验。

小米 SU7 智能汽车界面设计以其卡片式布局、简洁的交互体验、清晰的信息层级与可视化设计、独特的品牌特色及智能动效的巧妙运用，为用户带来了前所未有的驾驶体验。这一成功案例不仅为智能汽车界面设计提供了宝贵的参考与启示，更为未来智能汽车界面设计的发展趋势指明了方向。

未来，随着智能科技的不断发展与用户需求的不断变化，智能汽车界面设计将更加注重个性化与定制化，要求不断推陈出新，为用户带来更加优质、便捷、安全的使用与驾驶体验。

6.3.2　新兴媒体界面设计的要点

在新兴媒体界面设计案例分析中，我们探讨了多个关键要素，这些要素共同构成了设计成功的基础。

(1) 用户体验

无论是 VR 还是 AR 或是其他新媒体界面的设计，用户体验始终是设计的核心。通过优化交互逻辑、提升视觉和听觉效果，以及引入触觉反馈等，可以创造出更加沉浸式和直观的用户体验。

(2) 技术创新

技术创新是推动新兴媒体界面设计发展的关键因素。如利用先进的传感器技术、人工智能算法和云计算平台，可以实现更加精准的用户定位和交互控制，同时提升系统的实时性和响应速度。

(3) 内容创新

内容是新兴媒体界面设计的重要组成部分。通过创造独特且富有吸引力的内容，可以吸引用户的注意力，提升用户的参与度和黏性。

新兴媒体界面设计是一个充满挑战和机遇的领域。通过关注技术前沿、勇于探索未知领域和为设计创新贡献力量，设计师可以不断推动该领域的发展，为用户创造更加美好的体验。

课后思考

选择两个不同类型的新媒体界面案例(如短视频平台与在线教育平台)，对比分析它们在界面设计、用户体验、交互逻辑等方面的异同。讨论这些设计决策背后的可能原因，以及它们如何影响用户的使用习惯和满意度。

第7章 当代新媒体界面设计的融合创新与挑战

7.1 设计思维与新媒体界面设计

7.1.1 设计思维概述

随着新媒体技术的迅猛发展，新媒体界面设计作为现代设计领域的重要组成部分，其重要性日益凸显。在用户体验、信息传达和品牌塑造等方面，新媒体界面设计发挥着至关重要的作用。设计思维作为一种创新的设计方法论，以其独特的视角和创新的解决方案，为新媒体界面设计注入了新的活力。

在新媒体界面设计中，设计思维的应用体现在以下几个方面：首先，设计思维关注用户体验，通过深入了解用户需求，为用户提供更加个性化、便捷的服务。例如，知乎APP通过优化界面设计、提高加载速度、增加互动功能等方式，提升了用户体验。然后，设计思维注重信息传达的准确性和有效性，通过合理的布局、清晰的文字、直观的图示等方式，提高信息的可达性和理解性。例如，“抖音极速版”通过精简界面、突出核心功能、提供个性化推荐等方式，实现了信息的精准传达。最后，设计思维在品牌塑造方面也发挥着重要作用，通过塑造独特的品牌形象、传递品牌理念、增强品牌认同感等方式，提升品牌的知名度和美誉度。滴滴出行应用界面优化便是一个典型案例，其通过优化界面设计、提高操作便捷性、增加互动功能等方式，提升了用户对品牌的认同感和忠诚度。

7.1.2　设计思维实践框架

设计思维是一种以用户为中心的创新方法论，其核心思路在于通过“同理心—定义问题—创意发散—原型实现—用户测试”的迭代循环（图 7-1），不断优化产品体验。深入研究设计思维在新媒体界面设计中的实践框架，有助于挖掘设计思维在解决复杂问题、提升产品竞争力等方面的价值，为设计师提供新的设计思路和方法。

同理心 → 定义问题 → 创意发散 → 原型实现 → 用户测试

图 7-1　设计思维的核心思路

1. 同理心：用户访谈、情绪板分析

在这一关键阶段深入地进行用户访谈，通过面对面的交流理解用户的真实需求与潜在期望。访谈不仅关注用户的功能性需求，还侧重于探索他们的情感需求和使用场景，以便更全面地把握用户体验。同时，结合情绪板（Mood Board）分析，收集并整理用户对于界面外观、色彩、风格等方面的直观感受与偏好。情绪板上的图片、色彩和文本素材可以帮助我们构建用户对新媒体界面的功能与情感预期，为后续设计提供情感导向基础。

2. 定义问题：提炼用户痛点

基于同理心阶段收集的信息，我们进一步提炼用户的痛点问题。例如，通过细致分析用户在使用界面过程中的反馈，我们发现“信息过载导致操作效率下降”是一个普遍存在的问题。用户对界面中海量信息感到无所适从，难以快速定位到所需内容，这不仅影响了用户体验，也降低了产品的使用效率。明确这一痛点后，我们就能更有针对性地寻找解决方案。

3. 创意发散：头脑风暴会议、交叉学科灵感借鉴

在这一阶段，为了打破常规，寻找创新解决方案，可以组织头脑风暴会议，鼓励团队成员自由思考，提出各种可能性的想法。同时，可以借鉴交叉学科的灵感来提升界面的

吸引力和用户黏性，比如从游戏化设计中汲取元素，探索如何通过奖励机制、成就系统等手段增强用户的参与感和成就感。这种自由畅想的头脑风暴会议和跨领域的灵感碰撞往往能激发出意想不到的创新点。

4. 原型实现：动态交互原型制作

在创意发散的基础上，着手进行动态交互原型的制作。如图 7-2 所示，“抖音极速版”等轻量化 APP 的迭代案例极具参考价值。相较于传统 APP，轻量化 APP 在开发过程中通过简化界面、优化操作流程、减少不必要的功能等方式，快速打造出既高效又易于上手的产品原型。这些动态交互原型不仅模拟了真实的使用场景，还允许用户进行初步的体验测试，从而收集用户的即时反馈，为后续的优化提供依据。

图 7-2　各类轻量化 APP

5. 用户测试：A/B 测试、眼动追踪技术应用

原型制作完成后，就进入用户测试阶段，在这一阶段，可以采用 A/B 测试来评估不同设计方案的效果。A/B 测试通过随机分配用户到不同的版本组，收集并分析各组用户的行为数据，从而确定哪个方案更能满足用户需求。此外，还可以运用眼动追踪技术，精确捕捉用户在浏览页面时的视觉路径和注意力分布，这有助于我们发现设计上的盲点，进一步优化界面布局和信息呈现方式，确保产品能够真正实现用户友好和高效易用。

7.1.3　设计思维实践：滴滴出行应用界面优化案例

在滴滴出行应用界面优化案例中，界面布局混乱是原界面存在的主要问题之一。

旧版的界面设计中，各种信息杂乱无章地堆积在一起，没有明确的区域划分，使得用户在查找所需功能时难以迅速定位。这种布局方式影响了界面的易读性，降低了用户的使用效率。例如，部分关键功能按钮被淹没在繁杂的信息中，用户可能需要花费更多的时间去寻找这些功能，从而影响了整体的客户满意度。此外，交互体验不佳、视觉设计缺乏统一性也是原界面存在的重要问题。

针对以上问题，设计团队通过设计思维制订优化策略，简化界面布局，合并功能板块，避免信息冗余和杂乱；通过合理调整信息排列方式，如采用线性布局或分类展示，提高信息的可读性和可访问性；同时，注重界面元素的平衡和协调，确保整体界面既美观又易于导航。优化后的滴滴出行应用界面如图 7—3 所示。

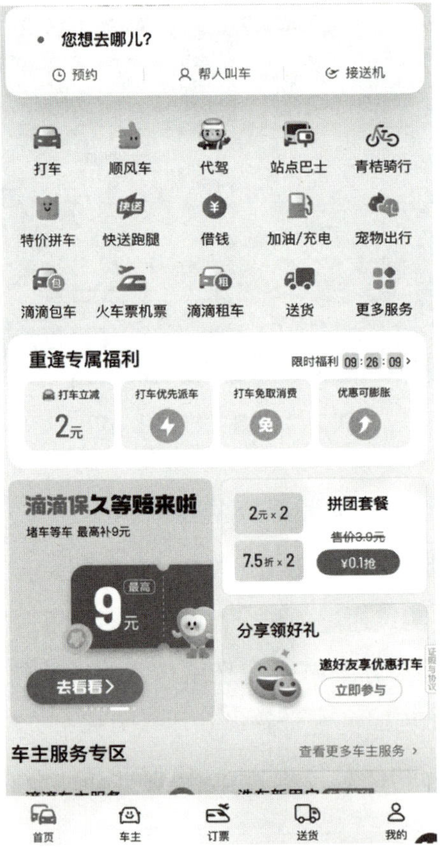

图 7-3　优化后的滴滴出行应用界面

在提升用户交互体验方面，滴滴开发团队关注加载速度的优化，减少等待时间，提高操作流畅性。通过增加用户反馈机制，如提供实时进度提示或响应反馈，提高用户的操作信心和满意度。滴滴开发团队还根据用户的使用习惯和需求，进行合理的界面设计和交互逻辑安排，以提升用户体验。

在统一视觉设计风格方面，滴滴开发团队确立统一的视觉设计风格，规范色彩搭配和字体。通过保持界面元素的一致性，滴滴开发团队提高了界面的美观度和辨识度。滴滴开发团队还注重细节和创意的融入，使界面在统一的基础上更具特色和吸引力。

通过设计思维优化界面，滴滴出行应用在布局、交互体验以及视觉设计方面均展现出显著进步，减少了完成操作所需的步骤。界面布局方面，信息排列更加有条理，便于用户快速找到所需功能，提高了用户的使用效率，降低了用户的学习成本。交互体验方面，加载速度、反馈及时性等方面均有所提升。视觉设计风格方面，优化后的界面在色彩搭配、字体使用等方面更加规范，确保了界面在视觉上的统一性和美观度，提高了界面的辨识度，有助于提升用户对滴滴出行应用界面的整体好感度，进而提升用户黏性。

7.2 数据可视化与新媒体界面设计

在当今信息爆炸的时代，数据可视化作为一种强有力的沟通手段，在新媒体界面设计中扮演着至关重要的角色。它不仅能够将复杂的数据转化为直观、易于理解的视觉语言，还能够增强用户体验，提升信息的传递效率。

7.2.1 数据可视化的设计原则

数据可视化的核心目标是将复杂的数据信息转化为直观、可交互的视觉语言，使得用户能够迅速把握数据的本质和趋势，从而做出更加明智的决策。图 7-4 是一个天气相关数据的信息可视化设计。

想要通过数据可视化将数据成功地转化成视觉语言，应遵循以下设计原则。

1. 简洁性

在数据可视化设计中，简洁性是至关重要的。过多的信息和复杂的图表设计往往会让用户感到困惑和疲惫，从而无法关注到重要的信息。因此，设计师应该遵循“少即是多”的原则，通过精简的信息和直观的图表来传达核心数据。如图 7-5 所示，微信运动的步数环形图就是一个很好的案例，它以简洁明了的方式展示了用户的运动步数，既美观又实用。

图 7-4　天气相关数据的信息可视化设计

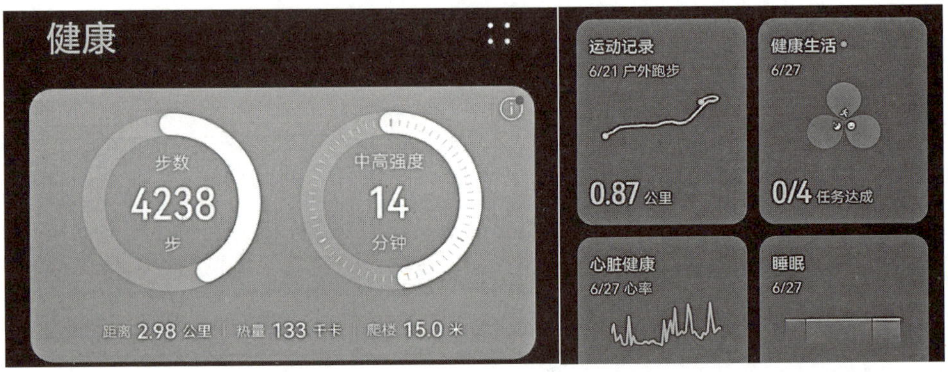

图 7-5　微信运动界面设计

2. 叙事性

数据可视化不仅仅是展示数据，更是讲述故事。通过时间轴、对比图表等设计手段，可以将数据背后的故事生动地呈现出来。中国传统非遗项目丰富多彩，其中蕴含着丰富的文化内涵和历史渊源。“婺源三雕”是一例以婺源木雕、石雕、砖雕的非物质文化遗产代表性项目为主题的可视化案例。该案例通过时间线、地图、纹样切片等形式，展示了“婺源三雕”的起源、习俗、形态等内容。通过纹样、文字等要素编排让观众更加直观地了解中国传统文化（图 7-6）。

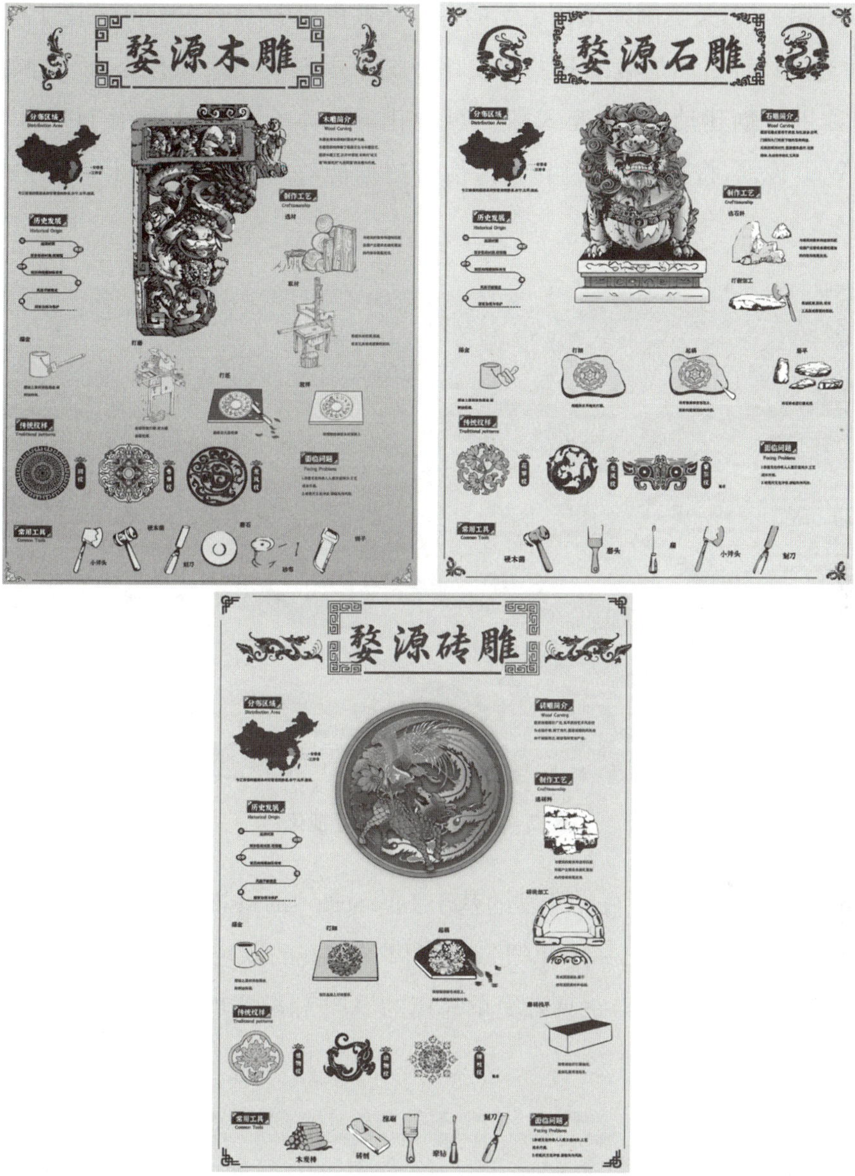

图 7-6　“婺源三雕”可视化设计案例

3. 交互性

随着技术的发展，用户对于数据可视化的需求也越来越多样化。因此，在设计数据可视化时，应该充分考虑用户的交互需求，允许用户根据自己的兴趣和需求筛选、缩放数据维度。D3. js(Date-Driven Documents)和 ECharts 等工具提供了强大的交互功能，可以帮助设计师实现更加灵活和可交互的数据可视化设计。

D3.js(图 7-7)是美国斯坦福大学的一位计算机科学家于 2011 年创造的数据可视化工具。它的设计目标是帮助开发者使用数据来操作文档对象模型并创建数据可视化,是一种用于创建动态、交互式数据可视化的脚本。它通过使用 HTML、CSS 和 SVG 等 Web 标准,将数据与文档结合,使得数据能够以一种直观和易于理解的方式呈现。

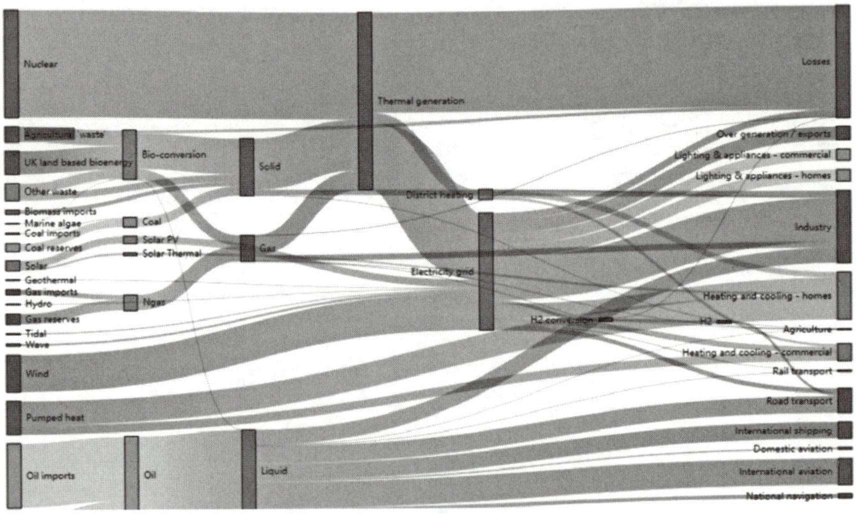

图 7-7　D3.js 数据可视化

ECharts(图 7-8)是由百度开发的基于 JavaScript 的可视化库,它在中国拥有广泛的用户群体和活跃的社区支持。ECharts 提供了丰富的图表类型和交互功能,包括折线图、柱状图、饼图、地图等,它具有简单易用的 API 和配置项,开发者可以快速创建和定制图表。

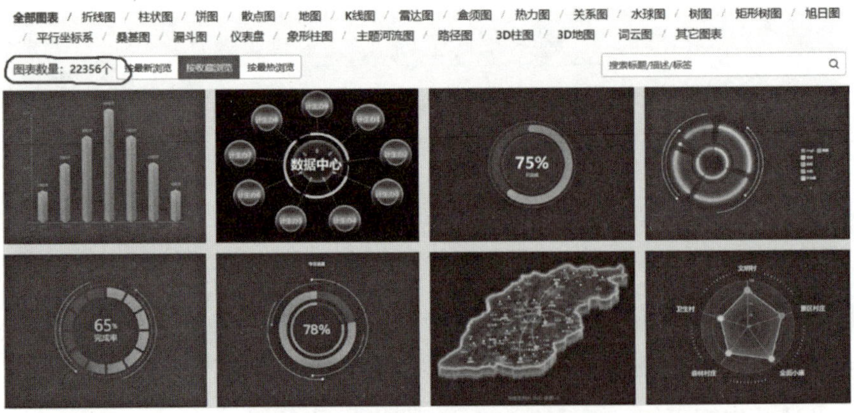

图 7-8　ECharts 数据可视化

7.2.2　数据可视化的应用实践

在新媒体界面设计中，数据可视化的应用实践非常广泛，涵盖了新闻资讯、健康管理、社交平台等多个领域。

1. 新闻资讯

在新闻资讯类应用中，数据可视化被广泛应用于动态信息图的制作。如图 7-9 所示，“澎湃·美数课”就通过精美的动态信息图，将复杂的新闻数据转化为直观、易于理解的视觉语言，使得用户能够更加深入地了解新闻背后的重要数据和趋势。

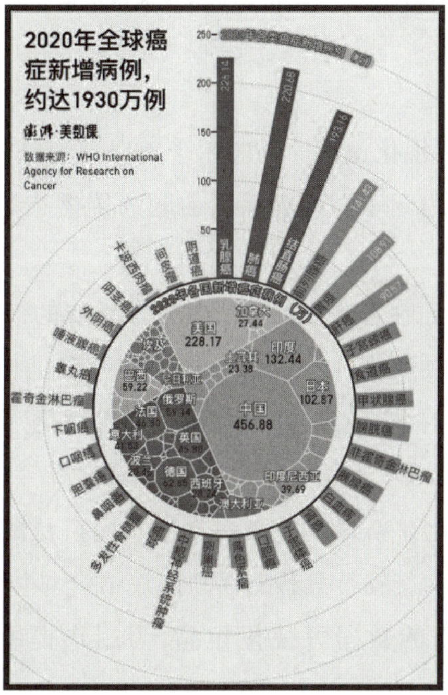

图 7-9　图释 2020 年全球癌症新增病例

2. 健康管理

在健康管理类应用中，个人健康数据仪表盘是数据可视化的一个重要应用场景。如图 7-10 所示，Apple Health 通过直观的仪表盘数据界面，展示了用户的步数、心率、睡眠质量等健康数据，帮助用户更好地了解自己的健康状况并制订相应的健康管理计划。

图 7-10　Apple Health 仪表盘数据界面

3. 社交平台

在社交平台上，数据可视化也被广泛应用于用户行为分析。例如，微博热搜话题的传播路径可视化就通过热力图等方式展示了话题的传播趋势和影响力，为运营人员提供了有价值的数据参考。

数据可视化的设计也面临着一些挑战。其中最重要的一个挑战是如何平衡美学与功能性。数据可视化不仅要美观、吸引人，还要能够准确地传达数据和信息。因此，设计师需要在追求美观的同时，避免陷入"为可视化而可视化"的误区，确保数据可视化的实用性和有效性。

综上所述，数据可视化在新媒体界面设计中具有广泛的应用前景和重要的价值。通过遵循简洁性、叙事性和交互性等设计原则，并结合具体的应用场景和用户需求，我们可以创造出更加优秀的数据可视化作品，为用户提供更加丰富和直观的信息体验。

7.3 AI 技术与新媒体界面设计

随着 AI 技术的飞速发展，它在新媒体界面设计领域的应用正日益成为一大趋势。AI 技术不仅能够极大地提升设计效率，还能为用户带来更加个性化、智能化的交互体验。当然，AI 技术所面临的问题与挑战也不容忽视。

7.3.1　AI 赋能设计的关键技术

AI 技术在设计领域的应用已经取得了显著的进展，其中自动化设计工具、个性化推荐引擎及自然语言交互等关键技术正逐步改变着新媒体界面设计。

1. 自动化设计工具

AI 技术能够自动生成界面布局和配色方案，极大地减轻了设计师的工作负担。例如，Adobe Sensei（图 7-11）作为 Adobe 系列软件中的 AI 工具，能够智能地分析设计元素，并根据用户需求自动生成符合规范且美观的界面布局。此外，智能配色工具，如 Khroma，则能够通过分析图像或色彩趋势，为用户提供个性化的配色建议，使得设计作品在视觉上更加和谐统一。

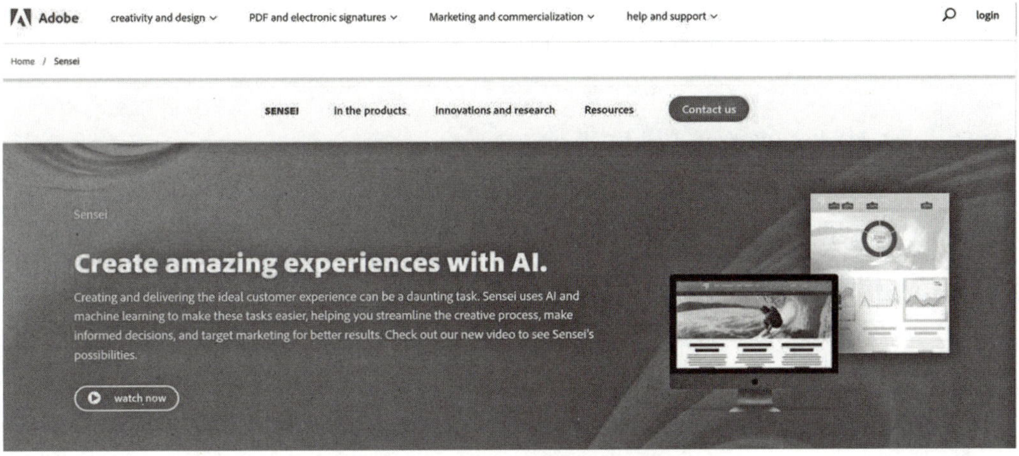

图 7-11　Adobe Sensei 官网截图

2. 个性化推荐引擎

基于用户行为的动态界面调整是 AI 技术在新媒体界面设计中的又一重要应用。以淘宝的“千人千面”系统（图 7-12）为例，该系统通过收集并分析用户的浏览、购买等行为数据，为用户推送个性化的商品推荐并动态调整界面布局，从而提升了用户体验和转化率。这种个性化的界面设计不仅满足了用户的个性化需求，还促进了电商平台的商业发展。

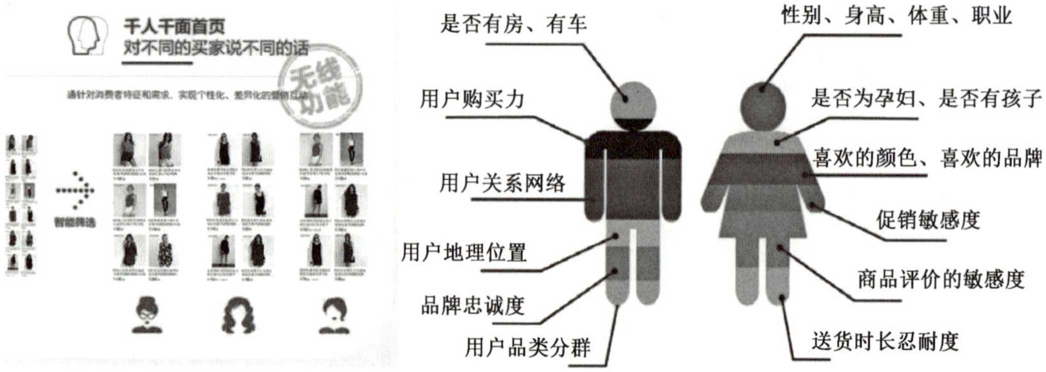

图 7-12　淘宝的"千人千面"系统及用户画像

3. 自然语言交互

自然语言交互技术的发展使得语音助手与界面能够无缝衔接，为用户提供了更加自然、便捷的交互方式。例如，将聊天机器人插件化地布置到新媒体界面中，让用户可以通过语音指令完成信息的查询、操作等任务，极大地提升交互效率和用户体验。

7.3.2　AI 技术面临的问题与挑战

尽管 AI 技术在新媒体界面设计中具有巨大的潜力，但其也面临着一些问题与挑战。

1. 算法偏见

AI 技术在生成推荐内容时可能受到数据的影响，导致界面推荐内容过于单一或产生信息茧房效应。这不仅限制了用户的视野和选择，还可能加剧社会的不平等现象。因此，设计师在使用 AI 技术时需要保持警惕，并采取有效措施来减少算法偏见的影响。

2. 隐私风险

随着 AI 技术的普及，尤其是大数据和机器学习的应用，几乎所有人的行为、偏好、兴趣、消费记录等都成了数据分析的对象。社交媒体平台、购物网站、智能设备的无孔不入的监控，使得人们每天都在被数字化跟踪和记录。AI 技术在收集和分析用户行为数据时可能有隐私泄露的风险。为了平衡数据收集与隐私保护之间的关系，设计师需要在设计过程中加强数据匿名化处理和技术保护措施，确保用户数据的安全性和隐私性。

3. 设计师角色转变

随着 AI 技术的普及和应用，设计师的角色也在逐渐发生转变，从传统的执行者转变为 AI 训练师和策略制订者。设计师需要不断提升自己的技能和知识，以适应新的设计环境和需求。同时，设计师还需要积极参与 AI 技术的研发和应用过程，与技术人员紧密合作，共同推动新媒体界面设计的创新和发展。

Midjourney 作为一款生成式 AI 工具，在 UI 和图标设计中展现出了极高的效率和创造力。如图 7-13 所示，通过输入简单的描述或关键词，Midjourney 能够迅速生成多种风格的 UI 和图标设计方案，为设计师提供丰富的灵感和选择。然而，与此同时，Midjourney 也引发了一些关于版权的争议。在实践中，由于生成式 AI 工具的算法和训练数据可能涉及他人的知识产权，因此在使用这些工具时需要注意版权问题。比如，设计师在使用 Midjourney 等工具时应该明确所生成图片的版权归属和使用范围，避免侵犯他人的知识产权。此外，相关行业和监管机构也需要加强对生成式 AI 工具的监管和规范，以确保其合法、合规地发展。

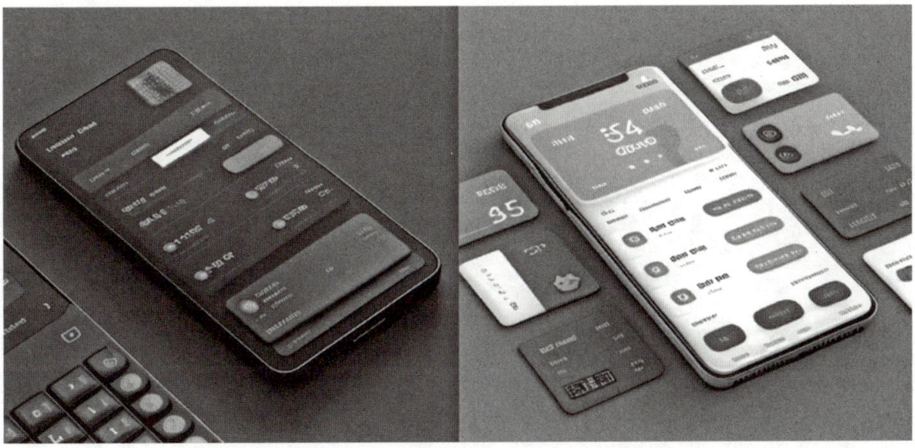

图 7-13　Midjourney 生成的 UI 界面案例

综上所述，AI 技术与新媒体界面设计的融合为设计领域带来了新的机遇和挑战。设计师需要积极拥抱新技术，不断提升自己的技能和知识，以应对不断变化的设计环境和需求；同时，也需要关注新技术带来的问题和挑战，采取有效措施来保障用户的权益和利益。

7.4 新媒体界面设计的发展趋势与挑战

7.4.1 新媒体界面设计的发展趋势

随着让人眼花缭乱的新技术被广泛应用，新媒体界面设计正在快速地发展，并以前所未有的速度塑造着我们的数字生活，以下几个关键领域的新媒体界面设计尤其值得注意。

1. 空间计算界面：AR/VR 环境下的三维交互设计

随着 AR 和 VR 技术的飞速发展，空间计算界面正逐渐成为新媒体界面设计的前沿阵地。以 Meta Quest 3 的操作界面(图 7-14)为例，用户无须依赖传统的控制器，仅凭手势即可在虚拟环境中进行自然、流畅的交互。这种三维的交互设计不仅极大地提升了用户体验，还为设计师提供了更为广阔的创意空间。

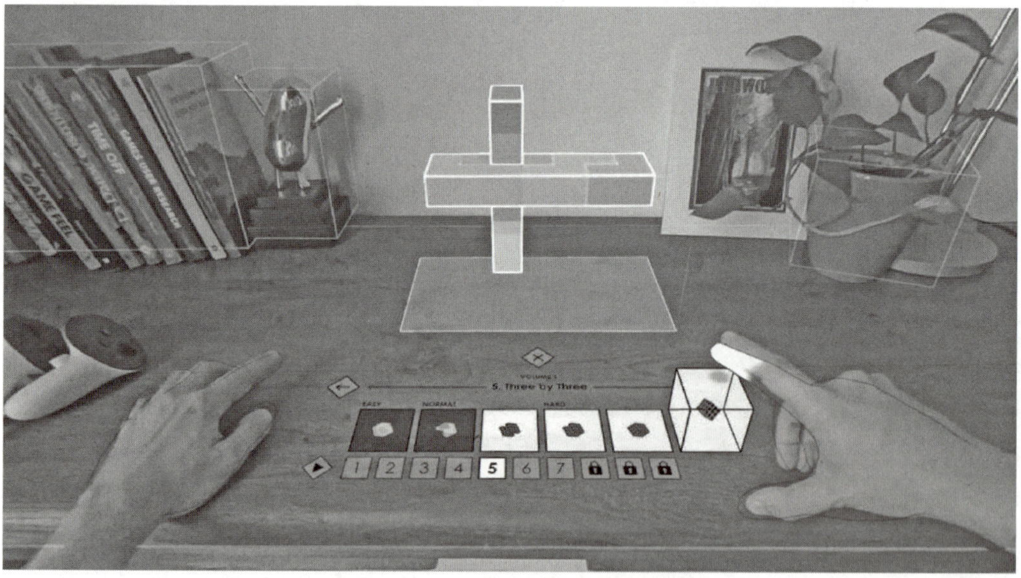

图 7-14 Meta Quest 3 的操作界面

2. 情感化智能界面：生物传感技术的动态情绪反馈

情感化智能界面(图 7-15)是另一个值得关注的趋势。通过心率监测、表情识别等生物传感技术，系统能够实时捕捉并分析用户的情绪状态，从而动态调整界面元素和交互方式，以提供更加贴心、个性化的服务。这种界面设计不仅加强了用户与产品之间的情感联系，还为用户带来了更为沉浸式的体验。

图 7-15　情感化智能界面设计在智能家居中的应用

3. 多模态融合：协同交互的新篇章

多模态融合是新媒体界面设计的又一重要发展方向。通过将语音、手势、触觉反馈等多种交互方式有机结合，设计师能够创造出更加丰富、直观的交互体验。如图 7-16 所示，在车载人机界面(HMI)中，驾驶员可以通过语音指令控制导航，同时使用手势操作调整音量或切换歌曲，而系统则通过触觉反馈加强用户操作时的确认感和安全性。

4. 可持续设计：低能耗与夜晚模式的普及

在环保意识日益增强的今天，可持续设计已成为新媒体界面设计中不可或缺的一部分。低能耗界面设计通过优化界面元素和交互逻辑，减少设备的能耗，从而延长电池寿命并降低对环境的影响。夜晚模式的普及不仅有助于节能，还能为用户提供更为舒适的夜间阅读体验。

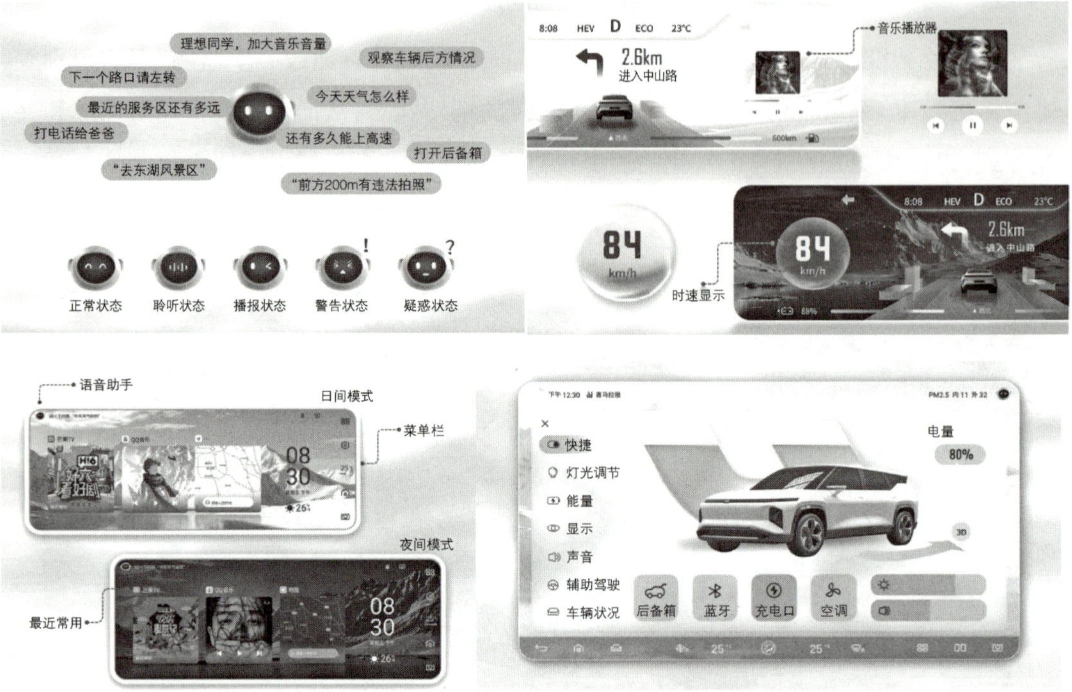

图 7-16　汽车 HMI 概念设计

7.4.2　新媒体界面设计的挑战

在新媒体界面设计的快速发展过程中，设计师也面临着诸多挑战。

1. 技术迭代速度：持续学习的压力

随着 AI、Web 3.0 等新技术的不断涌现，设计师们需要不断学习新知识、新技能，以适应不断变化的市场需求。这种持续学习对于设计师的个人成长和职业发展至关重要，但也给设计师带来了持续的挑战。

2. 跨平台适配：全终端响应式设计的挑战

跨平台适配已成为新媒体界面设计的一大难题。设计师们需要在确保界面美观和功能完善的同时，实现手机、汽车、可穿戴设备等全终端的响应式设计，以满足不同用户的多样化需求。

3. 文化适应性:全球化与本地化的平衡

在全球化背景下,新媒体界面设计需要兼顾不同国家和地区的文化差异和用户需求。例如,在中东地区,基于当地的阅读习惯,应将界面布局的阅读顺序从较为常见的从左向右调整为从右向左。这种文化适应性的挑战要求设计师们具备深厚的跨文化沟通能力和敏锐的本地化设计意识。

4. 行业展望:元宇宙中的界面范式革命

随着元宇宙概念的兴起,新媒体界面设计正面临着前所未有的范式革命。在虚实结合的元宇宙中,界面设计将更加注重沉浸感、交互性和社交性,为用户带来前所未有的数字生活体验。同时,这也对设计师们提出了更高的要求,需要他们在不断探索和创新中推动新媒体界面设计的发展。

课后思考

结合当前科技发展趋势(如人工智能、虚拟现实、5G 通信等),预测新媒体界面设计在未来几年内可能遇到的主要挑战与机遇。设想一个基于未来技术的新媒体产品概念,描述其界面设计将如何融入这些新兴技术,以及如何通过其设计创新来引领未来新媒体界面交互的方向。